START-UP OF BEAUTY COSMETIC

뷰티 코스메틱 창업

구민사

저자약력

최화정
- 서울대학교 박사
- 현)영산대학교 미용예술학과 교수
- 광주여자대학교 미용과학과 교수 근무
- 한국생명공학연구원 연구원 근무
- 전라남도생물산업진흥재단 천연자원연구소 선임연구원 근무
- 원광대학교 의과대학 연구교수 근무
- 현)과학기술정보통신부 국가연구시설장비심의 평가위원
- 현)한국산업기술진흥원 중앙장비심의위원회 평가위원
- 한국산업기술평가원 산업기술개발사업 기술개발기획평가단 기능성 화장품소재 정위원 역임
- 중소기업기술정보진흥원 중소기업기술개발 지원사업 평가위원 역임

박미란
- 현)영산대학교 미용예술학과 겸임교수
- (주)더 해피트리 기업부설연구소 근무
- ARC 미국아로마테라피스트
- 숙명여자대학교 향장학 석사

정다빈
- 현)한국메이크업디자인학회 편집간사
- 광주여자대학교 미용학 석사
- 영산대학교 미용예술학과 외래교수 근무

구미영
- 현)영산대학교 미용예술학과 겸임교수
- 현)구미영의 천연세상 공방 대표
- 영산대학교 미용예술학 석사
- ARC 미국아로마테라피스트
- IFA 영국아로마테라피스트
- 맞춤형화장품조제관리사 취득
- 유튜브(구쌤의 FM아로마), 블러그(구미영의 천연세상) 운영

뷰티코스메틱 창업

초판 인쇄 2022년 3월 15일
초판 발행 2022년 3월 25일
개정1판 발행 2024년 10월 10일

저자 최화정·박미란·정다빈·구미영
발행인 조규백
발행처 도서출판 구민사
(07293) 서울특별시 영등포구 문래북로 116, 604호(문래동3가 46, 트리플렉스)
전화 (02) 701-7421
팩스 (02) 3273-9642
홈페이지 www.kuhminsa.co.kr

신고번호 제 2012-000055호(1980년 2월4일)
ISBN 979-11-6875-428-7(93590)

값 24,000원

Prologue

K-Beauty는 대한민국의 화장품만을 나타내는 용어였지만 지금은 더 나아가 대한민국의 화장품과 뷰티 산업 전체를 통틀어 의미하며, 우수한 뷰티코스메틱을 보증해 주고 있는 하나의 브랜드가 되었다. 그만큼 세계적으로 우리나라의 뷰티코스메틱 시장은 높은 수준에 도달하였고, 상향 평준화되어 있다. 그 틈바구니에서 뷰티코스메틱 창업을 성공으로 이끌기 위해서는 무수한 노력과 남들과는 다른 차별화된 전략이 필요하다.

뷰티 산업과 코스메틱 산업은 떼려야 뗄 수 없는 관계를 형성하고 있다. 뷰티 산업을 위해서는 코스메틱을 이용해야 하고, 코스메틱 산업은 뷰티 산업을 위해 발전하기 때문에 뷰티코스메틱은 함께 생각하고, 함께 성장하며 발전해 나가는 상생의 관계라 할 수 있다. 이러한 뷰티코스메틱 창업의 성공을 위해서는 탄탄한 기술력과 더불어 창업의 본질에 대한 체계적인 이해가 필요하며 더불어 감성적인 접근 또한 필요하다.

본 교재에서는 이러한 특수성을 적절히 반영하여 경영과 창업 그리고 마케팅에 이르기까지 뷰티코스메틱의 관점에서 접근하고, 창업의 기초 지식과 그 절차에 대해 쉽게 이해할 수 있도록 구성하였으며, 추가로 실습 단원을 통해 뷰티코스메틱의 창업에 관심이 있는 독자들이 좀 더 쉽게 다가갈 수 있고, 독자들이 창업에 관한 베이스를 단계적으로 정리해 볼 수 있도록 구성하였다.

창업은 새로운 일의 시작, 그리고 도전이다. 그 도전의 첫걸음에 조금이나마 길잡이가 되길 바라며 독자 여러분의 새 출발을 응원한다.

이 책의 출판을 위해 적극적으로 도움주신 도서출판 구민사 조규백 대표님과 직원 여러분께 깊은 감사를 드린다.

저자일동

Contents

I 창업 실전

II 창업 후 경영

III 마케팅

IV 제품의 판매

V 실습

Start-up of Beauty Cosmetics

I

창업 실전

1. 창업의 정의
2. 창업의 의미
3. 창업의 유형
4. 창업의 준비
5. 상권과 입지
6. 화장품 창업
7. 미용 기업 창업
8. 세무관리
9. 사회적 경제 기업
10. 사업자등록

1 창업의 정의

창업(創業, foundation)은 사업을 처음으로 이루어 시작하는 것, 사업의 기초를 세우는 것을 말한다. [중소기업 창업 지원법 제2조]에서는 창업에 대해 '중소기업을 새로이 설립하여 사업을 개시하는 것으로서 새로운 업(業)을 시작하는 것'으로 정의하고 있으며, 새로운 아이디어를 가진 창업자가 영리를 목적으로 개인 또는 법인회사를 만들어 사업 활동을 시작하고 제품이나 서비스를 생산하여 고객의 욕구를 만족시키는 것을 목표로 한다. 창업을 위해서는 기업의 목적과 함께 인적 요소(창업자), 목표 요소(창업 아이디어), 물적 요소(자본)인 3요소가 필요하며 이러한 요소가 하나라도 충족하지 못하면 성공적인 창업이 어려워진다.

1) 기업 목적

기업의 목적은 기업이 나아가는 방향성을 설정해 주며 기업의 운영에 중심이 되는 역할을 한다. 앞서 언급한 인적 요소, 목표 요소, 물적 요소는 기업 목적의 하부 요인으로 상호 작용을 하면서 궁극적으로는 기업 목적 달성을 목표로 한다. 기업은 다양한 이해집단과 상호관계 속에 존재하고 있으므로 기업 목적이야말로 창업에 있어서 가장 중요한 핵심 요소라고 할 수 있다.

2) 인적 요소

창업에 필요한 인적 요소는 창업자를 말한다. 창업자는 창업의 기획부터 자본 조달, 시스템 구축에 이르기까지 창업의 모든 부분을 주도하고 책임을 지는 창업의 책임자이다. 따라서 창업가의 역량과 가치관 등이 창업 기업에 고스란히 반영되게 되므로 창업자는 충분한 역량과 바람직한 가치관을 형성하는 것이 필요하다.

창업자는 창업하고자 하는 분야에서 자신의 전문성을 갖추어야 한다. 그 분야의 전문지식을 갖추어야 할 뿐만 아니라 지식에서 그치지 않고 행동으로 옮기고 실현해 내어야 한다. 창업자는 창업 분야에 대한 해박한 전문지식을 가지고 있는 것이 당연하지만 이 지식을 이용하여 행동하지 않는다면 그 지식은 죽은 지식이 될 수밖에 없을 것이다. 따라서 창업자는 항상 지식을 행동으로 옮기는 것을 습관화하여야 한다.

창업의 성공을 위하여 창업자는 항상 남보다 한발 앞서야 할 것이다. 시대의 흐름과 변화를 읽을 수 있어야 하며 받아드릴 수 있는 포용력 또한 필요하다. 창업은 단기간에 이루어지는 것이 아니므로 장기적 관점으로 접근하고 예리한 통찰력과 판단력을 발휘하여야 한다.

마지막으로, 창업자는 개인의 이익 추구에 그치지 않고 철저한 윤리의식과 더불어 사회적 책임을 인식하고 실천해야 할 것이다.

3) 목표 요소

창업의 목표 요소는 사업 아이디어이다. 사업 아이디어는 창업 기업이 무엇을 할 것인가에 대한 사업내용을 의미하며, 창업 기업의 목적이라 할 수 있다.

사업 아이디어의 원천은 창업자일 수도 있지만, 꼭 창업자여야만 되는 것은 아니다. 아이디어의 원천이 창업팀의 일원일 수도 있고 제3자일 수도 있다.

사업 아이디어 선정을 위해서는 시장조사가 선행되어야 한다. 아무리 뛰어난 사업 아이디어라 하더라도 시장의 상황에 맞지 않거나 이미 시장이 포화상태라면 성공이 쉽지 않기 때문이다. 시장 규모, 경쟁 상대, 안정적인 수요처 확보 등과 같은 시장조사를 통하여 사업 아이디어의 적합성을 판단한 후 선정하게 된다. 그리고 무엇보다도 시장을 선점하여 뒤따라오는 기업의 진입이 어려워야 하며 초기 또는 성장단계에 있는 산업에서 아이디어를 찾는 것이 유리하다.

틈새시장을 공략하는 것도 하나의 좋은 방법이지만, 남들이 하지 않는 것에는 이유가 있으므로 틈새 시장 공략의 경우에는 더욱더 철저한 시장조사를 통하여 가능성을 예측해 보아야 할 것이다.

새롭고 차별화된 사업 아이디어일수록 기업 성공의 가능성이 커질 수 있을 것이다.

4) 물적 요소

창업의 물적 요소는 자본을 말하며, 자본은 창업의 요소에서 가장 중요한 비중을 차지한다. 창업의 목표 요소를 수행하기 위한 모든 과정에서 필요한 자본, 기술, 기계, 부동산에 이르기까지 포괄적으로 모두 물적 요소에 포함되며 이러한 자본은 창업자, 창업팀 또는 그 외 제3자로부터 출자할 수 있다.

2 창업의 의미

창업은 창업의 주체가 되는 창업자 개인뿐만 아니라 사회적 차원, 국가적 차원에서 매우 중요한 의미를 가지며 개인, 사회, 국가 간에 유기적으로 많은 영향을 미치고 있다. 개인, 사회, 국가에서 말하는 창업의 의미는 조금씩 다른 것을 알 수 있는데 개인에게 있어서의 창업은 신규로 기업을 설립하는 것을 말하지만 법률에서는 더욱더 엄격하게 정의하고 있음을 알 수 있다.

중소기업 창업지원 법에 따르면 창업은 "새롭게 중소기업을 설립하는 것"을 의미하며, 다음에 해당하여서는 안 된다.

① 타인으로부터 사업을 승계하여 승계 전의 사업과 동종의 사업을 계속하는 경우

② 개인 사업자인 중소기업자가 법인으로 전환하거나 법인의 조직변경 등 기업형태를 변경하여 변경 전의 사업과 동종의 사업을 계속하는 경우

③ 폐업 후 사업을 개시하여 폐업 전의 사업과 동종의 사업을 계속하는 경우

이는 창업에 따른 지원을 악용하는 사례를 방지하기 위한 목적이 반영되어 있다.

3 창업의 유형

창업은 다양한 분류 기준에 따라 여러 가지 유형으로 나누어 생각할 수 있다. 업종에 따른 분류로 제조업, 서비스업, 유통업으로 분류할 수 있으며 창업 아이디어의 주체에 따라 독립사업과 가맹점(프랜차이즈) 사업으로 분류할 수 있고, 창업의 주체에 따라 개인 중심 창업과 팀 중심 창업으로 분류할 수 있다. 또한, 점포의 유무에 따라 점포 창업과 무점포 창업으로 분류할 수 있다.

그 외에도 다양한 기준에 따른 창업의 유형이 있으며 시대가 변함에 따라 창업의 유형은 더욱더 세분되고 있음을 알 수 있다.

1) 업종에 따른 분류

(1) 제조업

제조업은 원재료를 인력이나 그 외 다른 힘을 이용하여 제품을 생산하고 제공하는 산업을 말한다. 자동차에서부터 가정에서 사용되는 가전제품, 우리가 매일 편하게 접하고 있는 편의점 간식에 이르기까지 모두 제조업에 속한다. 이러한 제조업은 3차 산업과 달리 눈에 보이는 완성된 제품이 있어야 하며 단순히 상품을 포장하는 등의 행위처럼 본질적 성질을 변화시키지 않는 단순 처리 활동은 제조 활동으로 보지 않는다. 특히 우리나라는 제조업을 중심으로 성장하였기 때문에 제조업의 종류가 매우 다양하다. 제조업은 우리나라의 한국표준산업분류 업종분류 코드에서 대분류 C로 표기되며, 제조업의 중분류는 아래의 표와 같다. 중분류에서도 세분류, 세세 분류로 세분되어 있다.

제조업의 중분류		
	15. 식료품 제조업	26. 비금속 광물제품 제조업
	15. 음료 제조업	27. 1차 금속 제조업
	16. 담배 제조업	28.~29. 금속가공제품 제조업(기계와 가구 제외)
	17.19. 섬유제품 제조업(의복 제외)	24.30.~32. 전자부품, 컴퓨터, 영상, 음향 및 통신장비 제조업
	17.~18. 의복, 의복 액세서리 및 모피제품 제조업	33. 의료, 정밀, 광학기기 및 시계 제조업
	19. 가죽, 가방과 신발 제조업	29.31. 전기장비 제조업
	20. 목재 및 나무제품 제조업(가구 제외)	28.~30. 기타 기계와 장비 제조업
	21. 펄프, 종이 및 종이제품 제조업	17.34. 자동차와 트레일러 제조업
	22. 인쇄 및 기록 매체 복제업	35. 기타 운송장비 제조업
	23. 코크스, 연탄 및 석유 정제품 제조업	36. 가구 제조업
	23.~24.36. 화학물질 및 화학제품 제조업 (의약품 제외)	36.기타 제품 제조업
	24. 의료용 물질 및 의약품 제조업	92. 산업용 기계와 장비 수리업
	25. 고무 및 플라스틱제품 제조업	38. 기타 제품 제조업

(2) 서비스업

서비스업은 생활의 편의와 삶의 질의 향상을 위해 무형의 노무를 제공하는 산업을 말한다. 흔히 용역이라고도 하며, 제조업과 대비되는 개념으로 물질적 재화를 생산하는 활동 이외의 활동을 포괄하는 개념이라고 할 수 있다. 상업, 금융업, 보험업, 운수업, 공무업, 가사노동 등과 같이 주로 서비스를 제공하는 모든 업종이 포함되며 이러한 활동들은 다음과 같은 특징이 있다. 또한, 서비스업은 사회가 발달할수록 더욱더 커지는 경향을 보인다.

서비스업의 종류로는 상업, 운수업, 유통업, 교통업, 통신업, 공무업, 국제무역, 보안업체, 시설투자업, 금융업, 관광업, 사업서비스업, 가사노동, 의료, 교육, 패션, 영업 등이 있으며 대체로 재화를 생산하는 활동 이외의 광범위한 기능 활동을 포괄하는 개념이라 할 수 있다.

서비스업의 특징	서비스업 이외의 업종 특징
인간의 욕망을 직접 충족시켜 준다.	생산물을 통하여 간접적으로 인간의 욕망을 충족시켜 준다.
• 시간적 : 생산과 동시에 소비되어야 한다. • 공간적 : 생산된 곳에서 소비되어야 한다.	생산과 소비가 시간적, 공간적으로 분리되어 이루어질 수 있다.
인간활동력의 재생산에 직접 이바지하지 않는 경우가 많다.	물질적 재화의 생산결과물을 통해 인간활동력의 재생산에 직접 이바지하는 경우가 많다.
반드시 생산수단이 필요하지는 않다.	활동대상과 생산수단이 필요하다.

◆ [표 1-1] 서비스업과 타업종과의 특징 비교 ◆

(3) 유통업

유통업은 생산자로부터 소비자에게 재화와 서비스를 이전시키는 장소, 시간, 소유의 효율성을 창조하는 활동을 말한다. 다시 말해 상품 및 서비스가 판매 활동으로 효용이 높아지고 부가가치가 증대되는 것을 말하는 것으로 제조업과 서비스업의 연결고리이자 서비스업의 한 종류라고 할 수 있다. 유통업은 도매상과 소매상이라는 유형이 나타나는데, 도매상은 생산자와 소매상의 매개 역할을 하고 소매상은 소비자와 도매상의 매개 역할을 하게 된다.

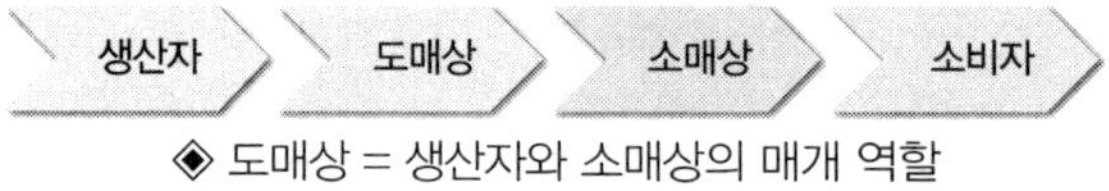

◈ 도매상 = 생산자와 소매상의 매개 역할
◈ 소매상 = 도매상과 소비자의 매개 역할

◆ [그림 1-1] 유통과정 ◆

최근에는 제조업보다 유통업의 힘이 더 강해지는 경향을 보이며, 제조업의 발전을 높여 고용 창출, 물가안정, 소비문화의 창달, 생산자와 소비자 사이의 매개 임무를 수행하고 있다.

2) 창업 아이디어의 주체에 따른 분류

(1) 독립사업

독립사업은 창업의 아이디어 주체가 개인으로 개인이 창업 아이템을 만들고 그에 맞춰 모든 분야를 준비하고 운영하는 사업을 말한다. 창업의 준비부터 운영에 이르기까지의 모든 과정에서 창업자 본인의 생각과 의지만으로 진행하는 것으로 상호의 결정부터 가격 책정, 인테리어와 마케팅에 이르기까지 창업자 본인이 도맡아서 하는 사업의 형태이다.

독립사업의 경우 가맹점(프랜차이즈) 창업과 비교하면 정보가 부족하므로 시행착오를 겪을 확률이 높고 모든 과정을 스스로 경험해야 하므로 창업이 안정궤도에 이르기까지 많은 시간이 있어야 하는 단점이 있지만, 만약 성공에 이르렀을 경우 가맹점(프랜차이즈) 창업 본부를 이룰 수 있어 더 큰 성공을 가져올 수 있다는 장점이 있다. 더욱 세부적인 장단점에 대해서는 아래의 표에 정리해 두었다.

독립사업의 장점	독립사업의 단점
· 창업 비용의 절감 · 높은 영업이윤 · 자유로운 점포 운영	· 상표 인지도 활용 불가 · 체계적인 매장 운영 및 관리의 어려움 · 단독 결정에 대한 부담감 · 신제품 개발에 대한 한계

◆ [표 1-2] 독립사업의 장단점 ◆

먼저 독립사업의 장점에 대해 살펴보면, 창업 비용의 절감을 들 수 있다. 독립사업은 가맹본부에 지급해야 할 가맹비와 교육비가 없고 가맹 보증금을 비롯하여 각종 설비에 포함된 가맹본부의 중간이윤을 지급하지 않아도 되기 때문에 약 30%의 비용 절감의 효과를 볼 수 있다. 우리나라는 로열티의 비중이 작고 대부분 가맹본부가 제공하는 상품의 물류 중간이윤에 수익 기반을 두고 있으므로 독립사업의 경우가 가맹 사업보다 더 높은 영업이윤을 보고 있으며, 지역의 특성, 고객의 특성 등을 고려하여 자율적인 판단과 행동을 실천하고 반영하여 자유로운 점포 운영이 가능하다.

독립사업의 단점으로는 가맹 사업과 같은 브랜드 인지도와 후광효과를 누릴 수가 없다. 따라서 신규고객 유치를 위해 창업자 스스로가 노력하여야 하며 문제점이 발생했을 때도 혼자 감당해야 하는 어려움이 있다. 가맹 사업은 체계적인 매장 운영을 통하여 매출 분석, 신제품 출시 등 전방위적인 지원을 받을 수 있지만, 독립사업은 체계적인 운영에 한계가 있다.

따라서 우리는 독립사업의 단점이 곧 가맹점 사업의 장점이 되고, 독립사업의 장점이 가맹점 사업의 단점이 되는 관계에 있는 것을 알 수 있다.

(2) 가맹점(프랜차이즈, franchisee) 사업

가맹점(프랜차이즈) 사업은 가맹점 본부로 지칭되는 가맹점의 아이템을 바탕으로 운영된다. 가맹본부가 개발하여 소유하고 있는 상품과 그 외의 아이템들을 사용하는 것으로 이는 이미 검증된 성공적인 아이템과 시스템을 활용하는 것으로 가맹본부의 영업, 마케팅 기술, 점포 운영에 필요한 비결들을 전수하게 되며 상황에 따라서는 사용료를 지급해야 하는 경우도 발생할 수 있다.

이러한 가맹점(프랜차이즈) 사업의 장점으로는 가맹본부로부터 자료화된 모든 경험과 비결을 전수하므로 위험부담이 적고 마케팅에 대한 노력이 상대적으로 적다고 할 수 있으며 이미 인지도 있는 브랜드 이름 사용으로 신규고객 유치가 쉽고 안정적인 수익 창출이 가능한 점이라 할 수 있다.

반면에 점포 운영 방식에 있어서 창업자의 독립성은 제한되며, 가맹본부의 정책에 따라 운영되기 때문에 가맹본부에 대한 의존도가 높아질 수밖에 없는데, 이럴 때 창업자 스스로 얻을 수 있는 정보가 제한되기 때문에 독립에 대한 어려움을 겪을 수 있다. 또한, 가맹본부의 영향을 받기 때문에 가맹본부나 타 가맹점의 위법 행위 혹은 브랜드에 악영향을 끼치는 행동 등에 의해서 내 점포가 피해를 볼 수 있으며 가맹본부의 여러 제약에서 벗어나지 못하다는 단점이 있다.

3) 창업의 주체에 따른 분류

(1) 개인 중심 창업

개인 중심 창업은 창업의 주체가 개인이 중심이 되어 제품 결정에서부터 자금조달, 경영에 이르기까지의 모든 과정을 주도하는 것이다. 따라서 책임과 권한의 소재가 분명하고 의사결정이 신속하다는 장점이 있으나 경영기술이나 자본의 측면에서 한 개인에게만 의존하게 되어 한계가 있다는 단점이 있다.

(2) 팀 중심 창업

팀 중심 창업은 2명 이상의 사람이 모여 공동으로 창업을 수행하는 것으로 개인 중심 창업과 비교하여 신중하고 전문화되었다는 장점이 있으나 의사결정 속도가 더디고 책임소재가 애매하다는 단점이 있다.

팀중심창업	▶ 초기 비용을 줄일 수 있다. ▶ 전문분야의 지식을 갖춘 구성원과 일할 수 있다. ▶ 명확한 비전 공유로 실행 속도가 빠르다. ▶ 투자 유치에 유리하다. ▶ 팀의 구성원이 곧 자산이다.

창업 기업의 초기 비용 중에서 가장 크게 비중을 차지하는 것이 인건비인데 팀 창업은 창업이 안정화되기까지 상황에 따라 급여 조절이 가능하므로 자금 활용의 유연성이 커진다고 할 수 있다.

창업팀의 구성원 구성을 살펴보면 대부분 각자의 전문분야가 갖추어져 있다. 예를 들어, A는 기획, B는 디자인, C는 마케팅과 같은 형태로 구성되어 있으며, 각 분야에서 서로를 인정하고 신뢰를 한 사람들끼리 일하게 되는 것이기 때문에 어느 정도 자질이 검증된 구성원과 창업을 시작할 수 있는 것이다.

이러한 창업팀 구성원들은 기업의 비전을 명확히 공유하고 있어서 각자 어떤 노력을 해야 하는지에 대해 잘 알고 있으며 모두가 잘 될 것이라는 데 뜻을 같이하고 있으므로 개인 창업자에 비해 실행 속도가 월등히 빠르다.

창업에서 필수적이며 가장 큰 부분을 차지하는 요소인 자본을 확보하기 위해서는 투자 유치가 필요한 때도 있는데 이때 투자자들이 투자 결정을 함에 있어서 가장 중요하게 보는 요소가 바로 창업팀이다. 투자자가 투자를 결정하기 위해서 사업 아이디어도 중요하겠지만 그보다 더 중요한 것이 어떤 사람들이 어떤 비전으로 모여 있는지를 가장 중요하게 본다. 창업팀이 탄탄하게 꾸려져 있다면 초기 운영비용도 절약할 수 있을 뿐만 아니라 구성원의 구성이 안정되어 있으므로 창업이 꾸준히 지속해서 운영될 수 있으며 창업팀 구성원 전원이 주인의식을 갖고 비즈니스에 임하기 때문에 성공 가능성이 높다고 판단하기 때문이다.

창업은 성공할 수도 있고 실패할 수도 있지만, 창업팀 동료들은 성공과 실패를 함께 경험하며 모든 과정을 함께하는 인생에 있어서 가장 중요한 자산이 될 수 있다. 창업이 실패하더라도 창업팀 구성원이라는 소중한 인적 자산이 남게 되는 것이다.

4) 점포 유무에 따른 분류

창업을 위해서는 공장이나 점포와 같이 일정한 격식을 갖춘 공간이 있어야 하는 경우가 많다. 하지만 최근에는 인터넷의 발달과 같은 사회 변화로 인하여 이러한 공간이 없거나 주거공간을 활용하여 창업하는 때도 증가하는 추세이다. 이처럼 점포의 유무에 따라 무점포 창업과 점포 창업으로 분류할 수 있다.

(1) 무점포 창업

무점포 창업은 점포나 공장이 거의 없거나 거주지의 공간을 활용하는 창업을 말하는 것으로 사업자금 조달에 어려움이 있는 사람들이 고려할 만한 창업이라 할 수 있다. 최소자본으로 창업할 수 있어 창업에 대한 접근이 쉬우며 시장환경 변화에 따라 발 빠른 상황대처 또한 가능하다. 대표적인 무점포 사업으로는 음식배달사업, 자판기사업, 청소서비스대행업, 인터넷 창업 등이 있다.

무점포사업의특징

- ▶ 점포에 들어가는 임대료, 권리금, 시설비가 따로 들지 않아 최소자본으로 창업이 가능하다.
- ▶ 창의적인 아이디어, 경쟁력 있는 기술력, 최신정보와 전문지식, 용역 제공 서비스 등으로 활용하여 사업을 시작할 수 있다.
- ▶ 현금 유동성이 활발하며 취급품목의 전환이 쉽다.
- ▶ 별도의 사무실과 같은 공간이 없어도 사업화가 가능하다.
- ▶ 시장의 환경변화에 대처가 빠르다.

종류	내용
통신판매	• 통신을 이용하여 주문을 받고 우편을 통해 상품을 인도하는 판매 방법 • TV홈쇼핑, 온라인쇼핑몰, 카탈로그 판매 등
네트워크 마케팅	다단계 판매, 방문판매, 전화 권유 판매업 등
무인 자판기	담배, 음료, 커피, 서적, 꽃, 휴대전화 배터리 충전 등
프랜차이즈	표준화된 사업방식과 가맹점주의 자격의 취득하여 상품 및 서비스를 판매
노점상과 행상	• 도로변 등에서 볼 수 있는 좌판, 가판대, 행상, 포장마차 등 • 손수레, 트럭 등을 이용해 소비자를 직접 상대하는 상거래 행위 등

◆ [표 1-3] 무점포 사업의 분류 ◆

(2) 점포 창업

점포 창업은 무점포 창업과는 반대로 점포 또는 공장의 격식을 갖춘, 공간이 있는 형태의 창업을 말한다. 일반적이고 가장 대중적인 창업의 형태라고 할 수 있다. 사업장(점포)의 위치는 창업의 성패에 중요한 요인이다. 상품성이나 제품의 특성보다 주변의 상권이나 점포의 입지가 더 중요할 수 있으며 아무리 좋은 창업 아이템이라도 잘못된 점포 선정은 창업의 실패로 이어질 수 있다.

시대의 흐름을 반영하여 점포 창업은 무인 점포 창업의 형태로도 많이 생겨나고 있다. 무인 점포의 종류도 매우 다양한데, 대표적으로 편의점, 아이스크림 도매점, 무인 카페 등이 다양한 키오스크를 통해 운영되고 있다. 이러한 무인 점포 창업은 다른 창업에 비해 창업 비용이 적게 들 수는 있지만 여러 가지 기계에 의존하여 운영하다 보니 결제 오류 등과 같은 문제 발생 시 바로 대처하지 못하는 단점이 있다. 무인 점포는 최소한의 인력으로 소득을 창출하고 24시간 운영할 수 있다는 장점이 있다.

5) 그 외의 창업 분류

(1) 동기 및 배경에 따른 분류

구 분	유 형	내 용
동기 중심 창업	생계형	생계를 위한 창업
	부업형	소득증대를 위한 부수입 창출을 위한 창업
	탈출형	미취업, 실업을 벗어나기 위한 도피창업
	기회형	상속 등과 같은 우연한 기회로 인한 창업
	동업형	주변 요청에 의한 도움을 위한 창업
	전환형	사업 부진에 따른 업종 전환 창업
배경 중심 창업	아이디어형	아이디어를 구체화하기 위한 창업
	기술형	기술기반 창업
	경력형	경력 기반창업
	취미형	취미, 동호회 발전 창업

◆ [표 1-4] 동기 및 배경에 따른 분류 ◆

창업하게 된 동기에 따른 분류는 생계형, 부업형, 탈출형, 기회형, 동업형, 전환형으로 크게 여섯 가지로 분류할 수 있다. 생계형은 창업의 가장 원초적인 목적이며, 부업형은 부가적인 소득을 얻고 좀 더 여유로운 생활을 위해 창업을 하는 것을 말한다. 거듭된 실업난으로 인한 미취업을 탈출하기 위한 탈출형 창업, 우연한 기회에 상속을 받게 되거나 세입자가 입주하지 않아 갑자기 찾아온 기회로 인하여 창업, 주변의 제안이나 요청으로 인한 동업형 창업과 기존 사업의 부진에 따른 업종 전환을 위한 전환형 창업까지 그 분류가 다양함을 알 수 있다.

창업하게 된 배경에 따른 분류를 보면, 아이디어의 구체화, 기술, 경력, 취미를 기반으로 한 창업이 있다.

(2) 나이에 따른 분류

나 이	특 징
20대	• 모험창업 • 실패하더라도 재기의 가능성이 큼
30대	• 선택 창업, 기반창업 • 사회생활이나 특정 분야에서 닦아 놓은 기반을 최대한 활용하여 창업 • 본인의 적성을 고려한 사업 아이템 발굴 • 다른 연령층에 비해 책임감이 큼 ▶ 장점 : 사회 경험이 있어 인맥을 활용할 수 있음 사업 예측 능력이 있으며 전문분야의 실력이 뒷받침됨 ▶ 단점 : 본인의 능력을 과신하여 독선적인 사업운영을 하면 실패할 확률이 높음
40대	• 전문창업 ▶ 장점 : 뛰어난 판단력과 충분한 인맥, 자본, 지식 ▶ 단점 : 실패 시 재기의 어려움
50대	• 안전창업 • 사회 경험과 전문지식이 풍부 • 행동보다 생각이 깊으므로 모험성보다는 안전한 사업 분야가 성공확률이 높음 • 노련미로 인한 높은 성공 가능성 ▶ 장점 : 다양한 사회 경험과 전문지식을 활용할 수 있음 ▶ 단점 : 사업 실패 시 재기의 어려움 체력의 한계

◆ [표 1-5] 나이에 따른 분류 ◆

4 창업의 준비

본격적으로 창업을 준비하기 위한 절차에 대해 알아보고자 한다. 창업 준비를 위해서는 법률적 준수사항을 기준으로 하여 철저하게 준비하여야 성공의 가능성을 높일 수 있을 것이다.

창업 준비 10단계		
	1. 창업환경의 검토	6. 사업성 분석
	2. 업종 선택	7. 사업 계획서 작성
	3. 사업 타당성 검토	8. 사업장 선정
	4. 시장조사	9. 행정절차 처리
	5. 창업자금 규모 설정	10. 창업 및 경영

1) 창업환경의 검토

창업 준비에서 가장 먼저 수행해야 할 사항으로, 하고자 하는 창업의 현황과 전망, 창업자의 적성과 능력, 창업의 동기 및 이론에 이르기까지 종합적으로 검토하는 단계이다. 창업자 본인에 대해 파악하고 분석하는 것을 내부환경 분석이라 하고 창업 업종에 대한 전반적인 분석을 외부 환경 분석이라 한다. 많은 창업자가 내부환경분석은 간과하고 외부 환경 분석만으로 검토를 끝내는 경우가 많은데, 내부환경분석과 외부환경분석을 모두 시행하고 검토하여야 제대로 된 창업환경의 검토를 하였다고 할 수 있을 것이다.

2) 업종 선택

창업 준비에서 시간을 가장 많이 투자해야 하는 단계로 창업 아이템, 창업 아이디어를 선택하는 것을 말한다. 업종 선택을 위해 일차적으로 SWOT 분석을 통해 살펴보고, 점점 그 범위를 넓혀 따져보는 것이 좋다. 업종은 시대 변화를 가장 잘 반영하고 있으며 세대교체주기가 점점 빨라짐에 따라 검토해야 할 사항들이 많다. 기존의 점포 수, 수명 주기, 소비자의 소득수준 변화 등 여러모로 검토하여 업종을 선택해야 실패의 확률이 낮다.

업종 선택 시 고려 사항		
	1. 트렌드(trend)	5. 입지조건
	2. 고객의 소비 성향	6. 수익성
	3. 경쟁력	7. 라이프사이클 (Life cycle)
	4. 적합성	8. 시장진입 가능성

3) 사업 타당성 검토

선정한 창업 업종의 아이템에 대한 상품성, 시장성, 수익성, 안전성 등을 상세하게 검토하여 사업 타당성을 살펴보는 단계이다. 사업 타당성은 성공적인 창업을 위해 아이템을 객관적으로 분석하는 것을 말하며 SWOT 분석을 통해 검토할 수 있다. SWOT 분석을 통하여 창업 아이템의 강점(Strength), 약점(Weakness), 기회(Opportunities), 위협(Threats)을 살펴보고 종합적으로 고려하여 판단해야 한다. 판단 결과 문제가 발견되었다면 다시 업종 선택으로 돌아가 아이템을 재선정하는 것이 바람직하다.

4) 시장조사

시장조사는 창업 아이템의 시장 규모, 경쟁 업체와 같이 지속해서 변화하는 소비자의 행태, 변화, 수요 전망 등을 총체적으로 살펴보는 것으로, 창업을 준비하는 모든 단계에서 지속해서 행하면서 해당 분야에 통찰력 있는 시야를 확보해야 한다. 시장 규모나 유사 제품을 분석하고 목표 고객과 수요층의 요구를 조사 분석하여 신체 품의 성공 가능성과 수요를 예측할 수 있다.

시장조사의 목적은 불확실성을 낮추어 위험도를 줄이는 데 있으며, 시장조사를 통해 얻은 데이터를 바탕으로 직관이나 감정에 기대지 않고 실용적인 의사결정을 할 수 있다. 또한, 시장조사를 통해 생산량과 매출액 예측도 가능하므로 위험도를 낮추고 최적 생산량을 판단할 수 있다.

구분	내용
설문 조사	가장 일반적인 조사 방법
인터뷰	잠재 고객과 시장에 대한 통찰력을 얻을 수 있음
포커스그룹	특정 주제에 대한 소수의 그룹 인터뷰
관찰	주최자의 진행 없이 진행되는 것으로 원하는 정보에 좀 더 가까운 내용을 얻을 수 있음
자료수집	정부 기관, 언론, 협회 등 공신력 있는 기관에서 발행한 정보를 이용
키워드 검색	온라인 키워드 검색, 댓글 분석을 통한 빠르고 포괄적인 실시간 조사 방법

◆ [표 1-6] 시장조사의 유형 ◆

5) 창업자금 규모 설정

창업의 원활한 진행을 위해 자금을 마련하는 단계로 세부적인 자금 조달계획 및 자금용도, 규모를 설정해야 한다. 앞서 진행한 시장분석 결과나 소비자 행태 등에 근거하여 창업 투자자금 규모를 설정해야 하며, 초기에 투자자금 규모와 자금 용도를 설정해 두면 예상치 못한 일이 발생하더라도 융통성 있는 사고가 가능하다.

창업자금 규모를 설정할 때에는 총소요 자금을 최대한 정확히 산정하고 총 필요자금의 1.5배 ~ 2배를 확보하는 것이 좋다. 충분한 여유자금을 확보하여 창업 절차상 부족 자금을 예방하기 위해서이다.

만약 설정한 창업자금 규모만큼 자금조달을 하지 못한다면 사업 규모를 축소하여야 할 것이다. 사업을 진행하면 예상치 못한 비용이 추가로 발생할 수밖에 없으므로 안정적인 경영을 위하여 사업 규모를 축소 조정하는 것도 고려하여야 한다.

구분	내용
시설자금	• 사업장 확보를 위한 비용 • 비품 구매비, 생산설비의 구매비
운전자금	• 사업을 개시한 후 수익이 발생하기 전까지 회사 운영에 필요한 경비 • 재료비, 인건비, 경비 등

◆ [표 1-7] 창업자금의 종류 ◆

6) 사업성 분석

사업성 분석은 사업 아이디어를 사업화하는 과정에서 사업의 성공 가능성을 체계적이고 합리적으로 분석하는 것을 말한다. 사업성 분석을 통해 사업의 타당성이 인정되면 다음 단계인 사업 계획서 작성으로 넘어갈 수 있다.

(1) 사업성 분석의 목적

① 막연한 사업 구상을 체계화할 수 있다.
② 창업의 요소를 정확하게 파악하여 창업 기간을 단축할 수 있다.
③ 창업자의 경영능력을 향상해 창업 실패를 방지할 수 있다.

(2) 사업성 분석의 구성요소

① 시장 규모 및 시장 잠재력
② 제품 및 기술개발 능력
③ 수익성 및 자금조달 능력 분석
④ 창업주의 사업수행능력
⑤ 장기적인 관점에서 기업의 경영환경과 시장 추이 전망

(3) 사업 타당성 분석 절차

사업 타당성을 분석하는 절차는 다음과 같다.

① 후보 사업 아이디어의 탐색

먼저 창업하고자 하는 상품과 시장과의 관계에 대해 검토하여 성공 가능성을 예측한 후 성공 가능성이 큰 상품 유형을 선별한다. 선별된 성공 가능성이 큰 상품 유형과 기본 요건을 기준으로 현재 존재하는 기존 상품들을 조사하고 기존 상품의 응용 및 개선 가능성에 대해 정밀 검토한다.

② 예비 사업성 분석

후보 아이템에 대하여 상품성, 시장성, 수익성, 안전성에 대한 4가지 항목을 비교 분석하여 아이템의 우선순위를 결정한다.

③ 사업성 평가

결정된 특정 업종과 창업상품의 사업성에 대해 평가하는 단계로 다음의 항목을 분석하여 평가한다.

단계	내용
계획사업 수행능력 및 적합성 분석	창업자의 기업 경영능력과 해당 업종에 대한 경험과 능력에 대한 분석
제품 및 기술성 분석	기술적 측면에서의 사업 타당성 평가로 기술의 유용성, 위험요소, 기술적 성공 가능성 정도를 평가
시장성 및 판매전망 분석	전반적인 시장 동향 분석, 계획제품에 대한 수요예측, 판매전략 수립을 통하여 판매를 예측해 보는 것으로 사업 타당성 분석의 핵심 요소
수익성 및 경제성 분석	사업 타당성 분석의 최종단계이며 경영 전략 수립을 위한 사전 준비단계
자금 수지 및 성장성 분석	사업에 필요한 적정자금의 규모와 조 달여 부, 상환 능력 등을 검토하는 단계

◆ [표 1-8] 사업성 평가 단계 ◆

7) 사업 계획서(Business plan, Business proposal) 작성

사업 계획서는 계획한 사업이 어떤 방향으로 나아가고 있고 어떻게 목표에 도달할 수 있는지에 대하여 설득력 있게 설명하는 문서이다.

(1) 사업 계획서(Business plan, Business proposal) 필요성

① 사업 준비를 위한 사전단계로, 창업절차에 대해 점검을 할 수 있다.
② 사업 계획서 작성을 통하여 위험요소를 사전에 발견할 수 있으므로 실패의 확률을 줄일 수 있다.
③ 투자자를 비롯한 이해관계자들에게 효과적으로 사업을 설명하고 홍보할 수 있다.

(2) 사업 계획서(Business plan, Business proposal) 작성원칙

사업 계획서는 창업의 목표 아이템을 제 3자에게 설득력 있게 이해시킬 수 있어야 하므로 구체적으로 작성하여야 한다. 객관적인 자료를 기초로 작성하여 신뢰성을 확보하여야 하며 핵심 내용을 강조하여 부각해 호감을 느끼도록 하여야 하며 전문적 용어를 피하고 보편적인 내용으로 구성하여 이해가 쉽도록 작성한다. 해당 제품 자체만 설명할 것이 아니라 관련 산업과 관련 업종의 내용부터 접근하고 제품 생산공정에 대해서 구체적으로 설명하여야 한다. 자금조달 운용계획 경우 구체적이어야 하며 실현 가능성이 있어야 한다. 조달 계획을 구체적으로 표시하여 창업자의 자금조달 능력에 신뢰를 보여주어야 할 것이다. 또한, 향후 발생 가능한 위험요소에 대해 분석하고 다각도에 걸친 점검을 통하여 창업의 지연이나 불가능이 없도록 하여야 하며 사업 계획서 전반에 걸쳐 근거가 불충분한 자료나 비논리적인 추정은 피하도록 한다.

(3) 사업 계획서(Business plan, Business proposal) 내용

사업 계획서는 작성 목적과 제출기관에 따라 내용과 형식이 다를 수 있으며, 특정 목적에 따라 추가 또는 삭제하거나 분량을 임의로 조절할 수 있다. 사업 계획서 작성에 있어서 정형화된 양식은 없으므로 창업회사에 가장 적합한 양식을 기준으로 작성하면 된다. 다음은 일반적인 사업 계획서의 목차 예시이다.

요약문	
2. 회사 개요	관련 산업 현황
	회사 사업의 개념
	목표제품 및 서비스
	시장진입 및 성장전략
3. 시장분석	고객
	시장 규모와 전망
	경쟁 업체 분석
	예상 시장 점유율과 매출액
4. 마케팅 및 판매계획	총괄 마케팅 전략
	가격 전략
	판매전략
	광고와 판촉
5. 제품 및 서비스	제품 및 서비스
	기술개발 위험도 분석
	제품 개선사항 및 신제품
	개발비용
	특허권 등에 관한 사항
6. 공장입지 및 생산계획	공장입지
	생산전략
	설비투자 계획
	관련 법규 및 문제
7. 조직 및 인력 현황	경영조직
	핵심창업 인력
	기타 투자자
	이사진 구성
	직원 현황과 고용계획
8. 사업추진 일정 계획	
9. 특기 사항	
10. 재무계획	재무현황
	재무추정
	자금조달
11. 첨부서류	정관
	사업등기부 등본
	사업자등록증 사본
	최근 2년간 결산서류
	기타 필요서류

◆ [표 1-9] 사업 계획서 목차 예시 ◆

8) 사업장 선정

창업을 본격화하기 위하여 사업장을 선정하여야 하는데 앞에서 수행한 여러 단계를 거치며 분석한 자료에 근거하여 자금조달 범위 내에서 사업장을 선정하여야 한다. 창업 아이템의 이미지, 주변 상가와의 관계, 유통이나 물류 여건, 소비자 접근성 등등 다양한 관점에서 접근하여야 하며 사업장이 결정되면 창업의 특성에 맞는 실내장식을 진행한다. 사업장의 입지가 사업의 성패에 영향을 줄 수 있으므로 사업장 선정을 위해서는 다음의 요소를 고려해서 결정해야 할 것이다. 만약 적당한 곳을 찾지 못했을 때는 서두르지 말고 적당한 곳을 찾을 때까지 기다려야 할 것이며, 도움이 필요하다면 상담사를 고용하여 입지 분석을 받는 방법도 있다.

입지 선정을 위한 4요소	• 토지의 용도 확인 : 해당 지역의 토지 용도를 확인하여 해당 업종의 허가에 문제가 없는지 확인 • 인구 분석 : 해당 지역의 인구 나이, 소득, 가족 크기와 같은 인구 분포가 사업에 적합한지 확인 • 교통 분석 : 사람의 통행량과 대중교통, 주차 등을 점검하여 출입의 용이성 확인 • 경쟁 업체 : 근처의 점포가 직접적인 경쟁 관계가 되지 않아야 함

9) 행정절차 처리

합법적인 사업 진행을 위해서는 반드시 행정절차를 밟아야 한다. 사업 아이템별로 신고 또는 등록 여부를 확인 후 각 행정관서에서 신고 또는 등록 후 필증을 가지고 세무서를 방문하여 사업자등록증을 신청하여야 모든 인허가 절차가 마무리되게 된다.

10) 창업 및 경영

이제 비로소 실질적으로 창업을 하고 경영을 하는 단계이다. 창업의 마지막 단계로 매장의 내외부 상태 확인, 관련 법령 준수 여부 등을 지속해서 확인해야 하는 매우 중요한 단계임을 알 수 있다. 경영 전략을 수립하고 본격적인 인사관리와 영업, 홍보, 마케팅 등 전반적인 업무 활동하여야 하며 3년 이하의 창업자에게는 정부에서 진행하는 다양한 사업지원프로그램을 활용하여 컨설팅, 마케팅과 같은 다양한 분야에서 도움을 받을 수도 있다.

5 상권과 입지

1) 상권의 개념

상권(Trade area)은 일정한 지역을 중심으로 상업상의 세력이 미치는 범위를 말한다. '중심지', '번화가'와 혼용되어 사용되기도 하지만 개념을 살펴보면 상권은 번화한 거리나 중심이 되는 장소가 아닌 '상업 활동을 하는 공간'을 뜻한다. 상권만 잘 분석하고 판단해도 창업의 절반은 성공했다고 할 수 있을 정도로 매우 중요한 개념이라고 할 수 있다.

2) 상권의 형성 조건

상권의 형성조건	
	• 소비력이 왕성해야 한다 • 교통이 편리해야 한다. • 행정적 요충지(도청, 시청, 구청, 군청의 소재지)는 지역상권의 중심이 된다. • 자본의 소재와 크기에 따라 형성되거나 변화하기도 한다. • 다양한 상품력과 구색을 갖추어야 한다.

3) 상권의 유형

상권은 계층적 구조로 이루어져 있으며 도시의 행정구역, 고객들의 거주 및 활동지역, 입지 특성에 따라 상권을 분류할 수 있다.

(1) 행정구역에 따른 상권의 유형

① 도시 지역상권(general trading area)

도시 내의 모든 유통기관 상권의 합

② 지구상권(district trading area)

지역상권 내의 후보 입지가 속하는 상업지역이 가지는 상권

③ 점포상권(individual trading area)

가장 작은 상권, 각각의 개별 점포상권

(2) 거주 및 활동지역에 따른 상권의 유형

① 1차 상권(primary trading area)

- 전체 점포 고객의 60%~70%를 포함하는 지역 범위
- 고객의 거주 범위로 도보 5분 이내 반경 500m 이내의 소상권
- 고객 1인당 판매액이 가장 높으며 상권 내 소비 수요의 30% 이상을 흡수하고 있는 지역

② 2차 상권(secondary trading area)

- 1차 상권의 외곽에 위치하며 고객 수의 25%~30% 정도를 점유
- 1차 상권보다 고객의 넓은 분산, 접근성이 떨어짐
- 도보로 15분 이내의 거리로 반경 약 1㎞ 이내

③ 3차 상권(third trading area)

- 2차 상권 외곽지역으로 고객 수의 5%~10% 정도 이상을 점유하는 고객의 거주 범위
- 한계 상권(fringe trading area)

(3) 입지 특성에 따른 상권의 유형

① 주택가 상권
② 아파트 단지 상가
③ 대로변 중심 상권
④ 대학가 상권
⑤ 번화가 상권
⑥ 학교 주변(대학 제외)
⑦ 지하철역 주변
⑧ 사무실 밀집지

이러한 상권은 불변하는 것이 아니라 지하철 개통 등과 같은 교통시설의 추가와 주거단지, 대형 상업 시설 신축, 지역개발 계획 등과 같은 정책 변화에 따라 변화되기도 한다.

상권의 변화 및 이동 원인	• 지하철의 등장, 버스터미널의 형성 및 이전 등과 같은 교통수단의 변화 • 대형할인점, 백화점 등의 대형 상업 시설의 등장 • 관공서 또는 대형 회사의 등장 또는 이전 • 소득수준의 변화로 인한 소비 경향 변화

4) 상권분석

포괄적인 주위 환경 및 시장의 배경과 특성 등에 대해 전반적으로 파악하고 조사하는 것으로 창업 업종에 적합한 위치인지, 가치가 있는 곳인지를 정확히 분석하여 판단하고자 하는 조사 방법을 말한다.

구분	내용
상권조사	소매점포 등 고객을 흡입하는 지역 표지를 위한 자료
상권인구, 거주자 특성 조사	상권인구, 세대수, 산업별 취업인구, 학력, 인구동태, 거주형태, 거주수준, 학생 수, 진학률 등
구매력, 소비성향조사	상권세대별 소득 및 가계지출
교통, 통행량 조사	도로상황, 교통운행상황, 주요 역의 승객 수, 차량 통행량 등
상점, 경쟁 업체 조사	상권의 점포 수, 매출, 면적, 직원 수, 주차장, 영업시간 등
각종 지역 정보 조사	시가지 형성, 도시계획, 도시개발상황, 도시 계획상의 규제 내용 등
주택 현황	주거지의 주택 소유 현황 등
법령 조사	건축법, 소방법, 위생법 등의 내용

◆ [표 1-10] 상권분석을 위한 조사의 종류 ◆

5) 상권의 선택

상권분석이 끝나면 창업 업종의 매출 성장 가능성 및 지역개발 가능성 등 상권에 영향을 줄 수 있는 요인들을 파악하고 거시적인 관점으로 접근하여 상권을 선택하여야 한다. 점포 입지를 선택한 후 그 입지에 맞는 업종을 선택하는 것이 안전한 개점의 비결이 될 수 있으며 업종에 맞는 상권선택이 필요할 것이다. 특히, 소매점의 창업을 위해서는 점포 자체의 영업능력도 중요하지만, 전체적인 시장세력에도 관심을 가져야 하며 상권 못지않게 중요한 것은 바로 영업전략이라 할 수 있다.

6) 입지의 개념

입지(Location)란 인간이 경제활동을 하기 위하여 선택하는 장소를 말하는 것으로 대지나 물권, 점포 등이 위치한 조건을 뜻한다. 창업에 성공하기 위해서는 사업 아이템 이상으로 입지 선정이 중요하다고 할 수 있다. 입지는 주택가, 대학가, 상가 지역, 사무실, 공장 지역 등으로 구분할 수 있으며 이러한 곳의 특색을 파악한 후 신중하게 선택하여야 할 것이다. 특히 소매업의 경우는 입지산업이라고 할 만큼 사업의 성공 여부에 입지가 차지하는 비중이 절대적이다. 다시 말해, 좋은 입지를 선택한 창업은 절반 이상 성공했다고 볼 수 있다.

7) 입지 분석

입지 분석은 점포가 위치할 지역이나 지구를 먼저 결정하고, 설정된 지역이나 지구 내에서 점포가 위치할 만한 특정 지점을 선정하고 분석하는 절차를 거치게 된다. 이렇게 2단계의 절차를 거치는 이유는 먼저 넓은 지역을 선정하고 조금씩 범위를 좁혀 나가면서 점포의 위치를 구체화하기 위해서이다.

(1) 일반적인 입지 선정

구분	내용
인구 분석	구매력이 있는 인구가 충분한지 파악
구매력 분석	소비자의 소득수준이 높고 안정적인지 파악
구매습관 분석	상권 내 고객의 구매습관 조사 분석

◆ [표 1-11] 일반적인 입지 선정 ◆

(2) 특정 지점 선정

일반적인 입지 선정 과정을 통해 설정된 지역이나 지구 내에서 점포가 위치할 만한 특정 지점을 선정하고 분석하는 과정이다.

구분	내용
통행량 분석	점포 앞을 통과하거나 출입하는 사람의 수를 분석
주변 점포 분석	주변 점포의 영향을 받으므로 득과 실을 분석
점포접근의 용이성 분석	건널목, 지하철 출입구 등 고객 유인에 유리한 위치 및 통행이 잦은 동선상 위치 확인
점포의 가시성 분석	눈에 잘 띄는 곳으로 장애물이 없는 곳
점포의 과거 이력 분석	과거에 창업 성공 여부를 분석

◆ [표 1-12] 특정 지점 선정 ◆

8) 입지의 종류

구분	내용
다운타운형 (Downtown)	• 도심형, 번화가 형 • 서울, 부산과 같은 대도시 및 지방 도시에 존재 • 쇼핑이나 번화가를 중심으로 모였다가 분산
어번형 (Urban)	• 주택가와 사무실의 혼합형 • 낮 시간대 사업가의 이용 기대 • 거주 주민의 고령화로 내점 빈도는 높지 않음
서버번형 (Suburban)	• 전형적인 교외 입지형
드라이브인형 (Drive in)	• 중심도로를 따라 생기는 입지형태 • 관광지, 리조트 입지의 드라이브형

◆ [표 1-13] 입지의 종류 ◆

6 화장품 창업

K-Beauty라는 단어가 전혀 생소하지 않을 만큼 한국 화장품 시장의 규모는 세계에서 손꼽히고 있다. 과거에는 화장품은 여성들만의 전유물이었지만 지금은 그루밍족의 등장과 함께 베이비 화장품, 임산부 전용 화장품 등 화장품 시장은 점차 세분화되고 이제는 남녀노소를 불문하고 화장품을 사용하고 있다. 그만큼 화장품 시장은 급속도로 성장하였으며 화장품 창업의 전망도 밝다고 할 수 있다.

화장품 창업에 대해 알기 위해서는 화장품 영업의 종류에 대해 먼저 살펴볼 필요가 있다. 우리나라 법에서 정의하는 화장품 영업의 종류로는 화장품제조업과 화장품 책임판매업 및 맞춤형 화장품판매업이 있으며 세부적인 내용은 아래에서 살펴보도록 하겠다.

1) 화장품제조업

화장품제조업은 화장품의 전부 혹은 화장품의 일부를 제조하는 영업을 말한다. 화장품을 직접 제조하거나 제조를 위탁받아 제조하는 영업을 화장품제조업이라 하며, 화장품의 포장 작업도 단계에 따라서 제조업에 속하기도 한다. 화장품 포장에는 1차 포장과 2차 포장이 있는데, 1차 포장은 화장품 내용물을 용기에 담아서 포장하는 단계를 말하며 2차 포장은 완제품을 단 상자에 넣거나 라벨을 붙이는 단계를 말한다. 이 중 1차 포장 단계는 화장품제조업에 속하는데 쉽게 생각하자면 화장품 내용물을 다루는 영업을 화장품제조업이라고 볼 수 있다. 화장품제조업 창업을 위해서는 식품의약품안전처에 화장품제조업 등록을 해야 한다.

(1) 화장품제조업 등록

화장품제조업 등록을 위해서는 시설기준을 갖추어야 하며, 결격 사유에 해당하지 않아야 한다. 화장품제조업 등록요건에 충족하는지를 확인한 후 창업을 하고자 하는 지역의 담당 지방식품의약품안전청에 제조업 등록 신청을 하게 되면 지방청에서 제조소 시설조사를 나오게 되고 결격 사유가 없으면 15일 이내에 제조업 등록 신청이 완료되게 된다.

(2) 화장품제조업 등록의 결격 사유

화장품 제조업 등록의 결격 사유	▶ 다음의 어느 하나에 해당하는 자는 화장품제조업의 등록을 할 수 없습니다. [화장품법 제3조의 3] 1. 정신질환자. 다만, 전문의가 화장품제조업자로서 적합하다고 인정하는 사람은 제외 2. 피성년후견인 또는 파산선고를 받고 복권되지 않은 자 3. 마약류의 중독자 4. 화장품법 또는 보건범죄 단속에 관한 특별조치법을 위반해 금고 이상의 형을 선고받고 그 집행이 끝나지 않거나 그 집행을 받지 않기로 확정되지 않은 자 5. 등록이 취소되거나 영업소가 폐쇄된 날부터 1년이 지나지 않은 자

(3) 지방식품의약품안전청

우리나라의 지방식품의약품안전청은 서울, 경인, 대전, 대구, 광주, 부산 총 6개가 존재한다. 경기도는 남부와 북부로 나누어 북부는 서울지방식약청이 관리하고 남부는 경인지방식약청에서 관리하고 있으며, 제주특별자치도는 광주지방식약청에서 관리하고 있다. 제조업 등록 신청은 내가 창업하고자 하는 지역이 속해있는 지방식품의약품안전청에서 진행하면 된다.

구분	구성
서울지방식약청	서울특별시, 경기도(북부), 강원도 ※ 경기도(북부) : 고양시, 의정부시, 남양주시, 파주시, 구리시, 포천시, 양주시, 동두천시, 가평군, 연천군
경인지방식약청	인천광역시, 경기도(남부)
대전지방식약청	대전광역시, 세종특별자치도, 충청북도, 충청남도
대구지방식약청	대구광역시, 경상북도
광주지방식약청	광주광역시, 전라북도, 전라남도, 제주특별자치도
부산지방식약청	부산광역시, 울산광역시, 경상남도

◆ [표 1-14] 지방식품의약품안전청 ◆

(4) 화장품제조업 등록서류

화장품제조업 등록신청서 (화장품법 시행규칙 별지 제1호 서식)	• 「정신건강 증진 및 정신질환자 복지서비스 지원에 관한 법률」 제3조 제1호에 따른 정신질환자가 아님을 증명하는 의사 진단서 (제조업자로 적합하다는 전문의진단서) • 「마약류 관리에 관한 법률」 제2조 제1호에 따른 마약류의 중독자가 아님을 증명하는 의사진단서 • 시설의 명세서

■ 화장품법 시행규칙 [별지 제1호서식] <개정 2019. 3. 14.>

화장품제조업 등록신청서

※ 어두운 칸( )은 신청인이 작성하지 않습니다.

접수번호	접수일	처리기간 15일

신청인	성명(한글)	전화번호
	주민등록번호(외국인등록번호)	
	등록기준지	
	주소	
제조소	화장품제조업자 상호(법인인 경우 법인의 명칭)	전화번호
	소재지	
제조 유형		
책임판매업 겸업 여부		

「화장품법」 제3조제1항 전단 및 같은 법 시행규칙 제3조제2항에 따라 위와 같이 화장품제조업 등록을 신청합니다.

년 월 일

신청인 (서명 또는 인)

담당자 성명

담당자 전화번호

지방식품의약품안전청장 귀하

구분	첨부서류	수수료
신청인(대표자) 제출서류	1. 화장품제조업을 등록하려는 자(법인인 경우에는 대표자를 말합니다. 이하 같습니다)가 「화장품법」 제3조의3제1호 본문에 해당되지 않음을 증명하는 의사의 진단서 또는 같은 법 제3조의3제1호 단서에 해당하는 사람임을 증명하는 전문의의 진단서 2. 화장품제조업을 등록하려는 자가 「화장품법」 제3조의3제3호에 해당되지 않음을 증명하는 의사의 진단서 3. 시설의 명세서	「화장품법 시행규칙」 별표 9에서 정한 금액
담당공무원 확인사항	법인 등기사항증명서(법인인 경우만 해당합니다)	

처리 절차

신청서 작성 → 접 수 → 검 토 → 결 재 → 등록필증 작성 → 등록필증 발급

신청인 지방식품의약품안전청장

210mm×297mm[백상지 80g/㎡(재활용품)]

■ 화장품법 시행규칙 [별지 제2호서식] <개정 2014.9.24.>

(앞 쪽)

제　　　호

화장품 제조업 등록필증

1. 상호:

2. 소재지:

3. 성명:

4. 생년월일:

5. 제조 유형:

「화장품법」 제3조 및 같은 법 시행규칙 제3조에 따라 위와 같이 등록하였음을 증명합니다.

년　　　월　　　일

○○지방식품의약품안전청장 　직인

210㎜ × 297㎜[백상지 120g/㎡]

변경 및 처분 사항 등	
년 월 일	내 용

(5) 화장품제조업 시설기준

- 제조 작업을 하는 다음의 시설을 갖춘 작업소
  1. 쥐·해충 및 먼지 등을 막을 수 있는 시설
  2. 작업대 등 제조에 필요한 시설 및 기구
  3. 가루가 날리는 작업실은 가루를 제거하는 시설
- 원료·자재와 제품을 보관하는 보관소
- 원료·자재와 제품의 품질검사를 위하여 필요한 시험실
- 품질검사에 필요한 시설 및 기구

<참고 2. 화장품 시설명세서>

1. 제조하는 화장품의 유형 : (　　　)류 (　　　　)
(화장품법 시행규칙 별표3 참조)

2. 제조 작업을 행하는 다음 각목의 시설을 갖춘 작업소 (면적:　　㎡)

연번	작업실 목록
1	
2	
3	
4	

가. 쥐·해충 및 먼지 등을 막을 수 있는 시설

연번	쥐·해충 및 먼지 등을 막을 수 있는 시설 목록
1	
2	
3	
4	

나. 작업대 : (　)개, 각 작업대의 규격(　　　)

다. 가루가 날리는 작업실은 가루를 제거하는 시설

연번	가루를 제거하는 시설 목록
1	
2	
3	
4	

3. 원료·자재와 제품의 품질 관리를 위하여 필요한 시험실
(면적:　㎡)

4. 원료·자재와 제품을 보관하는 보관소 (면적:　　㎡)

5. 제조 및 품질 관리에 필요한 시설 및 기구

연번	제조시설 및 기구	연번	품질관리시설 및 기구
1		1	
2		2	
3		3	
4		4	

6. 위탁 여부 (위탁의 경우 위탁계약서 및 수탁 기관의 시설 및 기구 목록 첨부)

– ( ) 제조 ( ) 품질 (해당 위탁 부분에 ∨ 표시하세요.)

– 수탁업소 또는 기관명 :

– 수탁업소 또는 기관의 소재지 :

7. 화장품 외의 물품 제조와의 시설 공용 여부 ( )

※ 제품 상호 간의 오염 우려가 있는 경우에는 공용 불가

(6) 화장품제조업 시설 일부를 갖추지 않아도 되는 경우

- 제조업자가 화장품의 일부 공정만을 제조하는 경우
  → 해당 공정에 필요한 시설 및 기구 외의 시설 및 기구는 갖추지 아니할 수 있음

- 다음의 어느 하나에 해당하는 기관 등에 원료·자재와 제품에 대한 품질검사를 위탁하는 경우
  → 원료·자재와 제품의 품질검사를 위하여 필요한 시험실, 품질검사에 필요한 시설 및 기구를 갖추지 아니할 수 있음
  ▶ 보건환경연구원
  ▶ 시험실을 갖춘 화장품제조업자
  ▶ 한국의약품수출입협회
  ▶ 「식품·의약품 분야 시험·검사 등에 관한 법률」 제6조에 따른 화장품 시험·검사기관

2) 화장품 책임판매업

화장품 책임판매업은 제조된 완제품 화장품을 유통하고 판매하는 영업을 말한다.

- 화장품제조업자가 화장품을 직접 제조하여 유통, 판매하는 영업
- 화장품제조업자에게 위탁하여 제조된 화장품을 유통, 판매하는 영업
- 수입된 화장품을 유통, 판매하는 영업
- 수입대행형 거래(전자 상거래만 해당)를 목적으로 화장품을 알선, 수여하는 영업

(1) 화장품 책임판매업 등록

화장품 책임판매업은 책임판매관리자를 선임하여야 하며 책임판매업 등록요건 충족 여부를 확인 후 영업소 소재지 담당 지방식품의약품안전청에 등록 신청을 한다. 처리기한은 10일 정도이며 검토 후 책임판매업 등록 신청이 완료된다.

(2) 책임판매관리자의 자격 기준

화장품 책임판매업은 화장품제조업과는 다르게 책임판매관리자를 반드시 선임하여야 한다. 화장품 책임판매관리자는 일정한 자격을 갖춘 사람이 선임 될 수 있는데 그 자격은 다음과 같다.

책임판매관리자의 자격기준	• 의사 또는 약사 • 이공계 학과 또는 향장학·화장품 과학·한의학·한약학과 학사학위 이상 취득자 • 학사 이상 학위 취득자로 간호학과, 간호과학과, 건강간호학과를 전공하고, 화학·생물학·생명과학·유전학·유전공학·향장학·화장품 과학·의학·약학 등 관련 과목을 20학점 이수한 자 • 전문대학 졸업자로서 화장품 관련 분야를 전공한 후 화장품 제조 또는 품질 관리 업무 1년 이상 종사자 ※ 화장품 관련 분야 : 화학·생물학·화학공학·생물공학·미생물학·생화학·생명과학·생명공학·유전공학·향장학·화장품 과학·한의과학·한약학과 등 • 전문대학 졸업자로서 간호학과, 간호과학과, 건강간호학과를 전공하고, 화학·생물학·생명과학·유전학·유전공학·향장학·화장품 과학·의학·약학 등 관련 과목을 20학점 이상 이수한 후 화장품 제조 또는 품질 관리 업무 1년 이상 종사자 • 화장품 제조 또는 품질 관리 업무에 2년 이상 종사한 경력이 있는 사람 • 식약처가 정하여 고시하는 전문 교육과정을 이수한 자(화장비누, 흑채, 제모 왁스에 한함) • 상시 근로자 수 10인 이하 대표자가 시행규칙 제8조의 책임판매관리자의 조건을 충족한 경우, 직접 책임판매관리자의 직무 수행 가능

(3) 책임판매관리자의 직무

선임된 책임판매관리자는 화장품 품질 관리 및 책임판매 후 안전관리, 화장품제조업자의 관리·감독업무를 수행하여야 한다.

- 품질관리기준에 따른 품질 관리 업무
- 책임판매 후 안전관리기준에 따른 안전확보 업무
- 원료 및 자재의 입고부터 완제품의 출고에 이르기까지 필요한 시험·검사 또는 검정에 대하여 제조업자를 관리·감독하는 업무

3) 맞춤형 화장품판매업

맞춤형 화장품은 개인의 피부 상태나 취향에 맞춰 원료를 배합해 만드는 제품을 말하는 것으로 조제관리사 자격증을 가진 사람이 화장품의 내용을 소분하거나 화장품의 내용물에 식약처장이 정한 원료를 혼합한 화장품을 말한다. 2020년 3월 14일부터 우리나라는 맞춤형 화장품판매업 제도를 본격적으로 시행하고 있다.

- 제조 또는 수입된 화장품의 내용물에 다른 화장품의 내용물이나 식품의약품안전처장이 정하여 고시하는 원료를 추가하여 혼합한 화장품을 판매하는 영업

- 제조 또는 수입된 화장품의 내용물을 소분(小分)한 화장품을 판매하는 영업

(1) 맞춤형 화장품판매업 신고

화장품제조업과 화장품 책임판매업이 담당 지방식품의약품안전청에 등록해야 하는 것과는 달리 맞춤형 화장품판매업은 사업 전 소재지 담당 지방식품의약품안전청에 맞춤형 화장품판매업 신고를 하여야 한다. 또한, 해당 매장에 맞춤형 화장품 조제 관리사를 반드시 고용하여야 영업을 할 수 있다.

(2) 맞춤형 화장품 조제 관리사

맞춤형 화장품 조제 관리사는 맞춤형 화장품 판매장에서 소비자의 취향 등을 고려하여 화장품의 내용물에 다른 화장품의 내용물이나 원료 간 혼합 업무를 수행하거나, 화장품의 내용물을 소분해 주는 업무를 수행한다.

- 혼합·소분 업무에 종사하는 자·
- 식품의약품안전처장이 시행하는 자격시험에 합격한 자

➡ 화장품의 내용물 등의 혼합, 소분은 자격증이 있는 맞춤형 화장품 조제 관리사만 가능

7 미용 기업 창업

헤어, 메이크업, 네일아트, 피부미용 등과 같은 미용업의 형태는 전문 기술이 수반되는 서비스 업종이다. 서비스업은 타 업종과는 다른 특성이 있어 아래 그 특성을 잘 파악하여 감각에 전문 기술을 갖추면 미용 창업의 성공에 한 걸음 더 다가갈 수 있을 것이다.

1) 서비스의 특성

구분	특성
무형성 (intangibility)	눈으로 보거나 만질 수 없음, 실체가 없음
비 분리성 (inseparability)	생산과 소비가 동시에 일어난다.
이질성 (heterogeneity)	품질이 고르지 않다.
소멸성 (perishability)	판매되지 않은 서비스는 소멸한다.

[표 1-15 서비스의 특성]

서비스업의 특성은 앞에서 언급한 것처럼 무형성, 비 분리성, 이질성, 소멸성 네 가지로 설명할 수 있다.

먼저, 서비스는 무형성이다. 서비스를 눈으로 보거나 만질 수 없으므로 굉장히 주관적이다. 실체가 없으므로 실체를 주관적으로 판단할 수 있도록 단서를 강조하고 서비스의 품질을 가시화하여 시각화하는 노력이 필요하다.

서비스는 비 분리성을 가진다. 생산과 동시에 소비가 일어나게 되고 생산되는 동시에 소비되면서 소멸하여 사라진다. 제조업과는 달리 대량생산체제 구축이 어렵고 품질 통제가 곤란하다는 특징이 있으며, 서비스의 생산과 소비의 가운데 고객이 있으므로 고객관리가 타 업종보다 특히 더 중요하다고 할 수 있다. 따라서, 고객이 만족하는 서비스를 받을 수 있도록 고객과 접촉하는 서비스 요원에 대한 신중한 선발과 철저한 교육이 필요하다.

서비스는 이질성을 가진다. 똑같은 사람이 똑같은 방식으로 서비스를 제공한다고 하여도 서비스 제공자의 컨디션이나 기타 조건에 의해 제공되는 품질은 항상 다르다는 것이다. 반대로 서비스를 받는 사람도 마찬가지이다. 똑같은 서비스를 제공한다고 하더라도 서비스를 받는 사람의 지식수준, 경험의 차이, 그날의 컨디션 등에 따라서 서비스에 대한 평가는 주관적으로 된다. 따라서 서비스의 품질을 표준화하는 것은 매우 어렵다는 단점이 있지만, 고객에 따른 맞춤 서비스가 가능하다는 점은 서비스 이질성의 장점이라 할 수 있다.

서비스는 소멸성을 가진다. 판매되지 않은 서비스는 그대로 사라지는 것이다. 제조업의 경우 판매되지 않은 제품은 재고로 남지만, 서비스는 판매되지 않으면 소멸하고 만다. 따라서 서비스업의 경우 수요와 공급 간의 조화를 이루는 전략이 필요하며 임시직원의 채용과 직원의 다양한 직무 교육 등을 통해 유연성을 확보해야 한다. 최근에는 예약 시스템 등을 통하여 수요를 재고로 보관하는 방법이 널리 활용 중이다.

8 세무관리

창업을 하기 위해 사업자등록을 하고 사업자등록증을 받는 순간부터 납세의 의무가 발생한다. 창업 후 매출이 발생하면 순이익의 일정 부분을 국가와 지방자치단체에 세금으로 내야 하는데 그중에서도 가장 중요한 부가가치세, 소득세, 법인세에 대하여 알아보고자 한다.

1) 부가가치세 [자료: 국세청(www.nts.go.kr)]

부가가치세 (VAT: value added tax)란 상품(재화)의 거래나 서비스(용역)의 제공과정에서 얻어지는 부가가치(이윤)에 대하여 과세하는 세금으로써, 사업자가 내는 부가가치세는 매출세액에서 매입세액을 차감하여 계산한다.

부가가치세 = 매출세액 − 매입세액

물건값에 포함되어 있는 부가가치세는 실제로는 최종소비자가 부담하는 것으로써, 사업자는 최종 소비자가 부담했던 부가가치세를 세무서에 내는 것이다. 따라서 부가가치세 과세대상 사업자는 거래금액에 일정 금액의 부가가치세를 제품을 판매하거나 서비스를 제공할 때 징수하여 내야 한다.

I. 계획 단계	II. 준비 단계	III. 개점 단계
• 아이템 선정	• 자금확보	• 점포등록신고(구청)
• 사업형태 결정	• 상권분석	• 사업자신고
• 운영형태 결정	• 점포계약	• 개업 전 교육훈련
• 사업규모 결정	• 사업계획서 보안	• 인테리어 및 시설점검
• 입지 선정	• 인테리어 공사	• 재료 및 상품점검
• 사업계획서 작성	• CI 선정과 광고, 홍보	• 모의 운영
	• 직원채용	• 기념품 및 이벤트 준비
	• 가구, 비품 구입	• 개업
	• 매뉴얼 정리	

◆ [그림 1-1] 부가가치세 과정 ◆

(1) 부가가치세 납세의무자

영리 목적의 여부에도 상관없이 모든 사업자는 사업상 제품(재화)의 판매나 서비스(용역)를 제공할 때 부가가치세를 신고 및 납부할 의무가 있다. 다만 교육 관련 용역 제공, 미가공 식료품 등 생필품 판매, 의료 등 법령에 열거된 규정에 준하여 부가가치세가 면제되는 사업만을 행하는 경우에는 부가가치세 신고 및 납부의 의무가 없다.

(2) 일반과세자

일반과세자는 10%의 세율이 적용되고, 상품 등을 구매 시 받은 매입세금계산서상의 세액 전액을 공제받을 수 있으며, 세금계산서를 발급할 수 있다. 연간 8천만 원 이상의 매출액이 예상되거나, 간이과세가 배제되는 지역 혹은 업종 분야에서 사업을 하고자 할 때는 일반과세자로 등록하여야 한다.

(3) 간이과세자

1.5%~4%의 낮은 세율을 적용받는 간이과세자는 매입액(공급 대가)의 0.5%만 공제받을 수 있고, 신규사업자 혹은 직전년도 4천8백만 원 미만의 매출액인 사업자의 경우 세금계산서를 발급할 수 없다. 주로 소비자를 상대하는 업종으로서 연간 8천만 원(과세 유흥장소 및 부동산임대업 사업자는 4천8백만 원)에 미달 매출액일 것으로 예상하는 소규모사업자의 경우에는 간이과세자로 등록하는 것이 유리하다.

(4) 과세기간 및 신고납부

부가가치세는 과세기간 6개월로 하여 신고하고 세금을 내게 되며, 3개월로 각 과세기간을 나누어 중간에 예정신고 기간을 두고 있다.

과세기간	과세대상 기간		신고납부 기간	신고대상자
제1기 1.1~6.30	예정신고	1.1.~3.31.	4.1.~4.25.	법인사업자
	확정신고	1.1~6.30.	7.1.~7.25.	법인 · 개인 일반 사업자
제2기 7.1~12.31	예정신고	7.1.~9.30.	10.1.~10.25.	법인사업자
	확정신고	7.1.~12.31.	다음 해 1.1.~1.25.	법인 · 개인 일반 사업자

◆ [표 1-16] 과세기간 및 신고납부 ◆

일반적일 때 법인사업자는 1년에 4회, 개인 사업자는 2회 신고하며, 개인 사업자 (일반과세자) 중에서 조기 환급발생자와 사업부진자는 예정신고와 예정 고지세액납부 중에서 하나를 선택하여 신고 또는 납부할 수 있다.

개인 간이과세자는 1년을 과세기간으로 하여 신고하고 내게 된다.

과세기간	신고납부 기간	신고대상자
1.1.~12.31.	다음 해 1.1.~1.25.	개인 간이 사업자

◆ [표 1-17] 개인 간이과세자 ◆

(5) 부가가치세 사업자 구분

구분	기준금액	세액 계산
일반과세자	1년간의 매출액 8,000만 원 이상	매출세액(매출액의 10%) – 매입세액 = 납부세액
간이과세자	1년간의 매출액 8,000만 원 미만	(매출액×업종별 부가가치율×10%) – 공제세액 = 납부세액 ※공제세액 = 세금계산서에 기재된 매입세액 × 해당 업종의 부가가치율

◆ [표 1-18] 부가가치세 사업자 ◆

업종	부가가치율
가스, 전기, 증기 및 수도 사업	5%
음식점업, 소매업, 재생용 재료수집 및 판매업	10%
농 · 임 · 어업, 제조업, 숙박업 운수 및 통신업	20%
부동산임대업, 건설업, 기타 서비스업	30%

◆ [표 1-19] 간이과세자의 업종별 부가가치율 ◆

2) 소득세

소득세는 다양한 생산 활동을 통하여 얻는 개인의 소득에 대하여 내는 세금을 말하며 '소득'은 연간 총 수입금액에서 지출된 모든 비용을 공제한 순수 이익을 말한다. 앞서 살펴본 부가가치세는 거래단계에서 소비자로부터 징수하는 간접세지만, 소득세는 개인의 소득에 대하여 매기는 직접세이므로 자영 사업자는 부가가치세와는 별도로 사업소득에 대한 소득세를 납부하여야 한다. 사업소득 이외에 부동산임대소득이나 근로소득 등이 있는 경우에는 합산하여 과세한다. 소득세는 1년(1.1~12.31까지)간 소득에 대하여 다음 해 5.1~5.31까지 주소지 관할 세무서에 신고하고 내야 한다.

(1) 소득세율

과세표준 (소득금액 - 소득공제)	세율	누진 공제
1천만 원 이하	9%	0원
1천만 원 초과 4천만 원 이하	18%	900,000원
4천만 원 초과 8천만 원 이하	27%	4,500,000원
8천만 원 초과	36%	11,700,000원

◆ [표 1-20] 소득세율 ◆

(2) 소득금액 계산 방법

소득금액 = 총매출액 - 필요경비

3) 법인세

법인세는 법인이 경제활동을 통하여 얻은 소득에 부과되는 국세이다. 그러므로 과세의 주체는 국가이며, 법인을 과세 객체로 하여 법인의 소득금액을 과세표준으로 하는 조세이다.

(1) 법인세 신고납부

법인은 결산 기간에 따라 신고납부 기간이 달라진다. 신고기한이 공휴일이거나 토요일인 경우는 그 다음 날을 신고기한으로 한다.

구분	법정신고기한	제출 대상 서류
12월 결산법인	3월 31일	1. 법인세 과세표준 및 세액신고서 2. 재무상태표 3. 포괄 손익계산서 4. 이익잉여금처분계산서(결손금처리계산서) 5. 세무조정계산서 6. 세무조정계산서 부속서류 및 현금흐름표
3월 결산법인	6월 30일	
6월 결산법인	9월 30일	
9월 결산법인	12월 31일	

◆ [표 1-21] 법인세 ◆

(2) 법인세의 세율

법인세의 세율은 아래와 같으며 우리나라의 경우 초과누진세율을 적용하고 있다.

과세표준	세율	누진 공제
2억 원 이하	과세표준 × 10%	–
2억 원 초과~200억 원	2천만 원 + (과세표준 – 2억 원) × 20%	2,000만 원
200억 원 초과	39억 원 + (과세표준 – 200억 원) × 22%	4억 2,000만 원

◆ [표 1–22] 법인세의 세율 ◆

(3) 법인세의 신고와 납부

법인세 신고는 국세청 홈택스(http://www.hometax.go.kr)에 접속하여 인터넷을 통해 신고(전송)할 수 있다. 간편 신고에 해당하지 않을 때는 세무조정을 거친 후 과세표준을 기준으로 법인세가 계산되므로 세무대리인이 필요하다.

4) 중소기업 사업자를 위한 세정지원

(1) 중소기업 특별세액감면

세법상 중소기업에 해당하면 다음의 세액을 감면받을 수 있다.

구분	감면율
수도권 밖의 중소기업	30%
수도권 안의 중소기업 중 소기업 및 지식기반사업을 영위하는 중소기업	20%
도매업, 소매업, 의료업(의원 · 치과의원과 한의원 제외), 자동차정비업 및 관광사업	지역과 관계없이 10%

◆ [표 1–23] 중소기업 특별세액감면 ◆

(2) 접대비 인정금액 한도를 일반기업보다 우대

일반기업	중소기업
인정 한도 : ① + ② ① 기본금액 : 1,200만 원 ② 수입금액 × 적용률	인정 한도 : ① + ② ① 기본금액 : 1,800만 원 ② 수입금액 × 적용률

◆ [표 1-24] 접대비 인정금액 ◆

(3) 중소기업투자세액공제

사업용자산, 판매 시점정보관리시스템설비 및 정보 보호 시스템설비 투자금액의 3%를 공제

(4) 결손금 소급공제 적용

결손금은 일반적으로 다음 사업연도의 소득에서 공제하는 것이 원칙이나 중소기업만 직전 과세연도 소득에서 소급하여 공제받아 이미 낸 소득세를 소급하여 환급한다.

9 사회적 경제 기업

창업이라 하면 개인의 이익을 추구하는 것을 가장 큰 목적으로 하고 있지만, 기업의 형태를 가지면서 사회적 가치 실현을 직접 담당하여 사회적 가치를 추구하는 기업도 있다. 사회적 경제란 구성원 간 협력과 자조를 바탕으로 재화·용역의 생산 및 판매를 통해 사회적 가치를 창출하는 민간의 모든 경제적 활동을 말한다. 시대별, 국가별로 사회적 경제에 대한 정의는 다양하지만, 공통으로 구성원들의 참여를 바탕으로 시장과 국가의 경계에서 사회적 가치를 추구하는 민간 경제활동을 의미하며, 사회적 경제 기업의 종류에는 사회적 기업, 마을기업, 협동조합, 자활기업이 있다. 기업은 사회적 가치 실현을 추구하고 정부는 지원사업을 통하여 사회적 경제 기업의 성장을 돕고 있다.

구분	사회적기업	마을기업	협동조합	자활기업
정의	취약계층 일자리 창출 및 사회서비스제공 등 사회적 가치 실현을 목적으로 하는 기업	지역주민이 지역자원을 활용한 수익사업으로 소득 과 일자리를 창출하여 지역공동체의 이익을 실현하는 기업	조합원 간 민주적 운영을 통한 사회적, 문화적, 경제적 필요와 욕구를 충족시키고자 하는 사람들의 자율적인 결성 조직	수급자와 저소득층이 상호협력하여 경제적 자립을 위한 자활사업 운영
관련 법(지침)	사회적기업 육성법	마을기업육성지침	협동조합 기본법	국민기초생활 보장법
주무 부처	고용노동부	행정안전부	기획재정부	보건복지부
비고	• 배분 가능 이윤의 2/3 이상을 사회적 목적을 위한 재투자 • 예비사회적기업(부처형/지역형) 지정 제도 시행	• 출자자 및 고용인력의 70% 이상 지역주민으로 구성 (5인일 경우 100%) • 회원 모두 마을기업(법인)출자 및 자발적 경영 참여	• 자발적 개방적 조합원(1인 1표의 원칙) • 일반협동조합(신고제/시군구) • 사회적 협동조합(인가제/해당부터)	구성원 중 기초생활 보장수급자가 1/3 이상

◆ [표 1-25] 사회적 경제 기업 유형 ◆

1) 사회적 기업

비영리기업과 영리 기업의 중간 형태인 사회적 기업은 먼저 사회적 목적을 추구하면서 재화 및 서비스의 생산과 판매 등 영업활동을 수행하는 기업(조직)을 의미한다. 「사회적 기업 육성법」에서는 사회적 기업을 취약계층에게 사회서비스 또는 일자리를 제공하여 지역주민의 삶의 질을 높이는 등의 사회적 목적을 추구하면서 재화 및 서비스의 생산·판매 등과 같은 영업활동을 하면서 고용노동부 장관의 인증을 받은 기관으로 정의하고 있다. 영리기업은 소유주나 기업을 위해 이윤을 추구하지만, 사회적 기업은 취약계층에게 일자리를 창출하고 사회서비스를 제공하는 등 조직의 목적으로 사회적 목적을 추구한다는 점에서 차이가 있다고 할 수 있다. 다시 말해, 사회적 기업은 빵을 굽기 위해 사람을 고용하는 것이 아니라 사람을 고용하기 위해 빵을 굽는 것이며 사회적 책임이 바로 사회적 기업의 존재 이유인 것이다.

사회적 기업은 외환위기 이후에 공공근로와 같은 정부재정지원에 기반한 일자리가 확대되었지만, 안정적인 일자리로 연결되지 못했기 때문에 정부재정지원의 효과와 성과 관련 논란이 지속해서 제기되었고, 2000년대에는 사회서비스 수요의 증가, 고용 없는 성장의 구조화 등에 대한 대안으로써 선진국인 유럽의 사회적 기업 제도의 도입과 관련한 논의들이 본격화되었고, 비영리법인·단체 등을 활용한 안정적인 일자리창출과 양질의 사회서비스 제공의 선도 모델로서 사회적 기업 도입 논의가 구체화되기 시작하였다.

사회적 기업의 의의	사회적 기업 육성을 통해 지속 가능한 경제, 사회통합 구현 · 지속 가능한 일자리 제공 · 윤리적 시장 확산 · 사회서비스 확충 · 지역사회 활성화

(1) 뷰티 분야의 사회적 기업 사례

[친환경 제품, 교육 기업]

A 기업은 친환경 세제와 화장품을 생산, 판매하며 또한 교육사업의 목적으로 국비 공예 교육, 소상공인 경영 교육, 경력단절 여성, 학업중단 청소년들에게 교육의 기회를 제공하고 안정된 일자리 창출을 위해 노력하고 있다.

[미용 최초 예비사회적기업, 뷰티아카데미]

B 기업은 "꿈을 꾸게 하는 교육, 꿈을 실현하는 교육"이라는 신조를 지니고 취약계층에게 미용 교육의 기회를 제공하고 자격을 취득한 후 실습의 기회를 제공하여 취약계층의 자립을 돕고 있다.

2) 마을기업

마을기업이란 마을 주민이 주도적으로 지역의 각종 자원을 활용한 수익사업을 통해 지역공동체를 활성화하고 지역주민에게 소득 및 일자리를 제공하여 지역발전에 이바지하는 마을 단위의 기업을 말한다.

구분	사례
지역특산품 · 자연자원 활용사업	• 농촌체험, 전통공예, 지역관광 등 지역특화 아이템 발굴 추진 • 특화브랜드 개발 · 홍보, 지역자원 등 커뮤니티 마케팅 추진 예) 경남 합천 하남 양떡메 마을기업 : 떡가래, 양파, 메주 명품화 사업
전통시장 · 상가 활성화 사업	• 전통시장 및 구도심 상가의 수익사업 모형 개발을 통하여 해체위기에 놓인 지역상권 복원과 안정적 일자리 창출 예) 서울 종로 '통인 커뮤니티': 반찬가게를 뷔페처럼 활용한 '도시락카페 통'운영
공공부문 위탁사업	• 공원 관리, 지역축제, 학교급식, 주민자치센터 프로그램 등을 지역주민 주도하의 비즈니스로 확대 활용 예) 울산 북구 '아낌없이 주는 나무': 친환경 자재 간판제작, 공원 · 숲 꾸미기
쓰레기 · 폐기물 처리 및 자원 재활용 사업	• 폐자원 재활용, 음식쓰레기 등 친환경 녹색 사업 발굴과 추진 예) 인천 부평구 리폼맘스 마을기업 : 청바지를 재활용하여 가방, 핸드백 제작
자연생태관광 · 자전거 활용 등 녹색에너지 실천사업	• 자전거 이용 활성화 및 녹색성장 자연에너지 등을 통하여 저탄소 녹색성장을 생활 속에서 실천 예) 울산 중구 태화강 방문자센터 '여울': 생태관광 및 교육 프로그램 운영
기술기반형 마을기업 육성사업	• 지역 내 고부가가치 기술 및 전통기술을 가진 인적자원 활용을 통한 사업모델 발굴 예) 경북 울진 '야생초 마을기업': 저염 야생초 김치를 개발하여 판매

◆ [표 1-26] 마을기업의 사례 ◆

3) 협동조합

'협동조합'은 재화 또는 용역의 구매·생산·판매·제공 등을 협동으로 영위함으로써 조합원의 권익을 향상하고 지역사회에 공헌하는 사업조직을 말하며 '사회적 협동조합'은 '협동조합' 중 지역주민들의 권익·복리 증진과 관련된 사업을 수행하거나 취약계층에게 사회서비스 또는 일자리를 제공하는 등 영리를 목적으로 하지 아니하는 협동조합을 말한다.

(1) 협동조합의 기대 효과

① 경제적 효과

- 소규모와 소액 창업 활성화를 통한 일자리 확대
- 소비자와 생산자간 직거래를 통한 유통구조의 개선으로 물가 안정
- 협동조합 간에 협력을 통하여 경제 안정화

② 사회적 효과

- 취약계층에게 일자리와 사회서비스를 제공하여 기존에 부족한 복지 시스템 보완
- 주민들 스스로 복지서비스, 근린서비스를 마련하는 등 민간 차원에서 맞춤형 복지서비스 제공이 가능

③ 기타 효과

- 민주적 운영(1인 1표)에 의한 의사결정의 조합원 참여를 보장함으로써 구성원의 주인의식과 만족감 제고

(2) 협동조합의 유형

유형	내용
사업자협동조합	개별 사업자 조합원들이 수익 창출을 위하여 자재구매, 판매, 브랜드를 공동으로 이용하는 협동조합
소비자협동조합	소비자를 조합원으로 하고, 조합원의 소비생활 향상을 위하여 물품의 구매 혹은 서비스 이용을 위해서 설립된 협동조합
직원협동조합	직원들이 함께 협동조합을 소유 및 운영하여, 안정적인 일자리를 증가시키기 위해서 설립된 협동조합
다중이해관계자협동조합	둘 이상의 다양한 유형의 조합원으로 구성된 협동조합

◆ [표 1-27] 협동조합의 유형 ◆

(3) 일반협동조합과 사회적 협동조합의 차이점

<table>
<tr><th>구분</th><th colspan="2">일반협동조합</th><th>사회적 협동조합</th></tr>
<tr><td>법인격</td><td colspan="2">영리법인</td><td>비영리법인</td></tr>
<tr><td>설립</td><td colspan="2">시 · 도지사 신고</td><td>기획재정부(관계부처)인가</td></tr>
<tr><td>사업</td><td colspan="2">업종 및 분야 제한 없음
(단, 금융업과 보험업은 불가)</td><td>공익사업 40% 이상 수행
[지역사업형/취약계층사회서비스제공형/취약계층고용형/위탁사업형/기타공익증진형/혼합형]</td></tr>
<tr><td>경영공시</td><td colspan="2">의무사항 아님
※ 조합원 수 200인 이상 또는 자기자본이 30억 원 이상의 경우 의무</td><td>의무사항</td></tr>
<tr><td>법정 적립금</td><td colspan="2">잉여금의 10/100 이상
※ 자기자본의 3배에 이를 때까지</td><td>잉여금의 30/100 이상
※ 자기자본의 3배에 이를 때까지</td></tr>
<tr><td rowspan="2">배당</td><td colspan="2">배당 가능</td><td rowspan="2">배당금지</td></tr>
<tr><td>이용실적배당
: 총 배당 가능한 금액의 50/100 이상 배당</td><td>출자금 배당: 납입한 출자금의 10/100 이하 배당</td></tr>
<tr><td>청산</td><td colspan="2">정관에 따라 잔여재산 처리</td><td>비영리법인 · 국고 등 귀속</td></tr>
<tr><td>감독</td><td colspan="2">관련 내용 없음
(상법 등에서 준용)</td><td>필요한 시, 기획재정부장관(관계부처)이 업무 상황, 장부, 서류 등 검사
인가 요건 위반 시 인가 취소</td></tr>
</table>

◆ [표 1-28] 일반협동조합과 사회적 협동조합의 차이점 ◆

(4) 사회적 협동조합 설립절차

① 발기인 모집 : 조합원 자격을 갖춘 5인 이상

② 정관작성 : 조합의 최고 자치 규약, 목적·사업·운영방법을 규정

③ 설립동의자 모집 : 창립총회 개최 전까지 발기인에게 설립동의서 및 개인정보 제공동의서 제출

④ 창립총회 공고 : 최소 7일 전 공고(총회공고일과 총회 개최 당일은 계산하지 않음)

⑤ 창립총회 개최 : 정관, 사업 계획서 및 수입·지출예산서, 임원 선출, 설립경비에 관한 사항 의결

⑥ 설립인가 신청 : 중앙부처의 장에게 인가 신청

⑦ 출자금 납부 : 이사장 명의의 통장으로 출자금 납부(추후 법인 통장으로 이체)

⑧ 설립등기 : 설립인가증 수령 60일 이내에 등기(담당 등기소)

⑨ 사업자등록 : 사업개시 20일 이내 또는 사업 시작 전에도 등록 가능(담당 세무서)

4) 자활기업

자활이란 스스로 힘으로 살아간다는 말로, 일반적인 의미는 경제적·사회적 자립을 의미한다. 자활기업이란 지역자활센터에서 자활 근로 사업에 참여한 2인 이상의 수급자 또는 저소득층이 상호 협력하여 조합 또는 공동사업자의 형태로 창업하여 운영하는 업체를 말한다.

(1) 자활기업의 설립요건

자활기업은 국민기초생활 보장법에 따른 자활기업 요건을 갖추고 보장기관으로부터 인정을 받아야 한다. 2인 이상의 수급자 또는 차상위자로 구성되어야 하고 설립방식은 조합 또는 부가가치세법상 1인 이상 참여자여야 한다. 설립절차는 부가가치세법상 사업자 등록절차 및 타 법령상 조합 설립 절차에 따른다.

(2) 자활기업의 지원요건

자활기업 구성원 중 기초생활 수급자 및 차상위자가 1/3 이상이어야 하며 수급자는 반드시 1/5 이상이어야 한다. 모든 자활기업 참여자에 대해서는 노동관계 법상의 최저임금 이상의 임금 지급이 가능하여야 하며 자활기업 창업 예정자 중 1/2 이상은 한국자활연수원의 "창업 전 교육"을 반드시 수료하여야 하고 자활기업의 대표자 또는 임원 중 1인은 한국자활연수원과 광역자활센터가 공동 주관하는 "보수교육"을 자활기업 창업 후 매년 1회 이상 이수하여야 한다. "보수교육"의 경우는 권고사항이다.

10 사업자등록

1) 사업자 등록

사업자 등록은 부가가치세법 제8조에 따라 각 사업장마다 모두 실시하여야 한다. 사업을 개시하기 전 또는 사업을 시작한 날로부터 20일 이내에 구비서류를 갖추어 담당 세무서 또는 가까운 세무서 민원봉사실에 신청하면 된다. 사업자등록을 위해서는 사업자등록신청서를 작성하여야 하고 사업자 본인이 자필로 서명하여야 한다. 만약 대리인이 신청할 때는 대리인과 위임자의 신분증을 반드시 지참하여야 하며 사업자등록신청서에 사업자 본인과 대리인 모두 인적사항을 기재하고 자필 서명을 하여야 한다. 2인 이상의 사업자가 공동사업을 할 때는 공동사업자 중에서 1인을 대표자로 선정하여 대표자 명의로 사업자등록을 신청하여야 한다.

만약 홈택스에 가입되어 있고 공인인증서가 있다면 세무서에 방문하지 않고도 인터넷을 이용하여 사업자등록 신청과 구비서류 전자제출이 가능하고, 사업자등록이 완료시 사업자등록증 발급도 가능하다.

홈택스 (http://www.hometax.go.kr) → 신청과 제출 → 사업자등록 신청과 정정 등

■ 부가가치세법 시행규칙 [별지 제4호서식] <개정 2018. 3. 19.>

홈택스(www.hometax.go.kr)에서도 신청할 수 있습니다.

사업자등록 신청서(개인사업자용)
(법인이 아닌 단체의 고유번호 신청서)

※ 사업자등록의 신청 내용은 영구히 관리되며, 납세 성실도를 검증하는 기초자료로 활용됩니다.
아래 해당 사항을 사실대로 작성하시기 바라며, 신청서에 본인이 자필로 서명해 주시기 바랍니다.
※ [ ]에는 해당되는 곳에 √표를 합니다.

(앞쪽)

접수번호		처리기간	3일(보정기간은 불산입)

1. 인적사항

상호(단체명)	연락처	(사업장 전화번호)
		(주소지 전화번호)
성명(대표자)		(휴대 전화번호)
주민등록번호		(FAX 번호)
사업장(단체) 소재지		층 호

2. 사업장 현황

업 종	주업태		주종목		주생산 요소		주업종 코드	**개업일**	종업원 수
	부업태		부종목		부생산 요소		부업종 코드		

사이버몰 명칭		사이버몰 도메인	

사업장 구분	자가 면적	타가 면적	사업장을 빌려준 사람 (임 대 인)			임대차 명세		
			성 명 (법인명)	사업자 등록번호	주민(법인) 등록번호	임대차 계약기간	(전세) 보증금	월 세 (차 임)
	㎡	㎡				. . . ~ . . .	원	원

허 가 등 사업 여부	[ ]신고 [ ]등록 [ ]허가 [ ]해당 없음	주류면허	면허번호	면허신청
				[ ]여 [ ]부

개별소비세 해 당 여 부	[ ]제조 [ ]판매 [ ]입장 [ ]유흥

사업자금 명세 (전세보증금 포함)	자기자금	원	타인자금	원

사업자 단위 과세 적용 신고 여부	[ ]여 [ ]부	간이과세 적용 신고 여부	[ ]여 [ ]부

전자우편주소		국세청이 제공하는 국세정보 수신동의	[ ]문자(SMS) 수신에 동의함(선택) [ ]전자우편 수신에 동의함(선택)

그 밖의 신청사항	확정일자 신청 여부	공동사업자 신청 여부	사업장소 외 송달장소 신청 여부	양도자의 사업자등록번호 (사업양수의 경우에만 해당함)
	[ ]여 [ ]부	[ ]여 [ ]부	[ ]여 [ ]부	

210㎜×297㎜[백상지 80g/㎡ 또는 중질지 80g/㎡]

(1) 사업자등록에 필요한 서류

구분	준비서류
개인	사업자등록 신청서 1부(세무서 비치) 주민등록등본 1부 임대차계약서 사본 1부(사업장을 임차한 경우) 동업계약서(공동사업자인 경우) 도장, 신분증 허가(등록, 신고)증 사본(해당 사업자) ※ 허가(등록, 신고) 전에 등록하는 경우 : 허가(등록) 신청서 사본 또는 사업 계획서 지참
영리법인	법인설립신고 및 사업자등록 신청서 1부 법인등기부 등본 1부 : 담당 공무원의 확인에 동의하지 아니하는 경우 신청인이 직접 제출하여야 하는 서류 정관 사본 1부 임대차계약서 사본(사업장을 임차한 경우) 1부 주주 또는 출자자명세서 1부 사업허가등록 · 신고필증 사본(해당 법인) 1부 ※ 허가(등록, 신고) 전에 등록하는 경우 : 허가(등록)신청서 등 사본 또는 사업 계획서 현물출자명세서(현물출자법인의 경우에 한함) 1부

◆ [표 1-29] 사업자등록에 필요한 서류 ◆

(2) 간이과세자와 일반과세자의 구분

개인 사업자는 공급 대가에 따라서 간이과세자와 일반과세자로 분류되므로 본인에게 부합하는 과세유형을 선택하여야 한다. 간이과세자는 연간 공급 대가 예상액이 8,000만 원 미만인 개인 사업자며 다만, 아래에 해당하는 사업자는 연간 공급 대가 예상액이 8,000만 원 미만이라도 간이과세를 적용받을 수 없다.

① 간이과세 적용이 불가한 경우

- 제조업, 광업(떡방앗간, 과자점, 양복·양장·양화점은 가능)
- 부동산매매업, 도매업(소매업 겸업 시 도매업과 소매업 전체)
- 시 이상 지역에서의 과세 유흥장소
- 전문직 사업자(변리사, 공인회계사, 변호사, 세무사, 신판 변론인, 법무사, 기술지도사, 경영지도사, 손해사정인업, 감정평가사, 기술사, 통관업, 도선사, 건축사, 공인노무사업, 측량사업, 한약사업, 약사업, 수의사업 등)

- 국세청장이 정한 간이과세 배제기준에 해당하는 사업자
- 현재 일반과세자로 사업을 하는 자가 새로이 사업자등록을 냈을 때(다만, 개인택시, 심부름, 이·미용업은 간이과세 적용 가능)
- 일반과세자로부터 포괄 양수받은 사업

(3) 사업자 단위 과세 제도

같은 사업자에게 사업장이 2개 이상이 있는 경우로서 해당 사업자의 본점 등을 담당하는 세무서장에게 사업자 단위 과세자로 등록을 하면 그 사업자의 본점 등에서 세금을 총괄하여 신고 및 납부를 할 수 있다. 주사무소 또는 본점을 포함하여 2개 이상의 사업장을 신규로 개설하면서 사업자 단위 과세를 적용받고자 할 때는 사업개시일로부터 20일 이내에 주사무소 또는 본점 담당세무서장에게 사업자등록 신청서를 제출하고 등록하면 된다. 기존의 사업자가 사업자 단위 과세를 적용받으려는 경우에는 과세기간 개시 20일 전까지 사업자 단위 과세 등록신청서를 제출하고 등록하면 된다.

(4) 사업자등록 정정(부가가치세법 시행령 제11조)

아래 사유에 해당하는 경우에는 사업자는 바로 「사업자등록 정정신고서」에 사업자등록증과 함께 이를 증명하는 서류를 첨부하여 사업장 가까운 세무서 민원봉사실혹은 담당 세무서에 해당 서류를 제출하여야 한다. 공인인증서가 있으면서 홈택스에 가입되어 있으면 세무서에 방문없이 인터넷을 통해 직접 사업자등록 정정 신고 및 증빙 서류의 전자제출이 가능하고, 정정 완료 시 사업자등록증 발급이 가능하다.

홈택스 (http://www.hometax.go.kr) → 신청과 제출 → 사업자등록신청과 정정 등

"국세청 홈택스"앱을 스마트폰에 설치하고 공인인증서로 로그인하면, 업종(인허가업종 제외), 연락처, 상호, 사이버몰, 소재지(자가) 등 일부 항목에 대하여 사업자등록 정정 신고가 가능하다.

국세청 홈택스 앱 → 신청과 제출 → 모바일 민원실

사업자등록 정정 사유	재교부 기간
• 상호 변경 • 통신판매업자가 사이버몰의 명칭 또는 인터넷 도메인 이름을 변경하는 때	신청일 당일
• 법인의 대표자 변경 • 고유번호를 받은 단체의 대표자 변경 • 상속에 의한 사업자 명의 변경 • 임대차계약 내용에 변경이 있거나 새로이 상가건물을 임차한 때 (「상가건물 임대차보호법」에 의한 임차인이 사업자등록 정정 · 확정일자를 신청하고자 하는 경우 및 확정일자를 받은 임차인에게 위 변경이 있는 경우에 한함) • 업종 변경 • 사업장 이전 • 공동사업자의 구성원 또는 출자 지분 변동 • 사업자 단위 과세사업자가 사업자 단위 과세 적용사업장을 이전 또는 변경	신청일로부터 2일 이내
• 면세사업자의 과세사업 추가 시 사업자등록 : 사업자등록 정정신고서 제출	

◆ [표 1-30] 사업자등록 정정 사유 ◆

■ 부가가치세법 시행규칙 [별지 제11호서식] 〈개정 2017. 3. 10.〉

홈택스(www.hometax.go.kr)에서도 신청할 수 있습니다.

[ ] 사업자등록 정정신고서
[ ] 법인이 아닌 단체의 고유번호 정정신고서

※ 뒤쪽의 작성방법을 읽고 작성하시기 바라며, [ ]에는 해당하는 곳에 √표를 합니다. (앞쪽)

접수번호	변경 연월일	처리 기간 즉시(3일)

인적사항			
인적사항	상호(법인명) (단체명)	사업자등록번호	
	성명(대표자)	전화번호	(사업장) (주소지) (휴대전화)

정정할 사항

신고 내용							
상 호(법인명) (단 체 명)		전 화 번 호	사 업 장	주 소 지	휴대전화		
성 명(대 표 자)		주민등록번호 (법인등록번호)	–	본점 대표자 변경 시 지점 일괄정정 (법인사업자만 기재)	[ ]동의함 [ ]동의하지 않음		
총괄사업장 소재지					층	호	
사 업 장 소 재 지 (임 대 차 부 동 산)							
전자우편 주소				국세청이 제공하는 국세 정보 수신 동의 여부	[ ]동의함 [ ]동의하지 않음		

사 업 의 종 류						
구 분	주업태	주 종목	주업종 코드	부 업 태	부 종 목	부업종 코드
추가할 사항						
삭제할 사항						
사이버몰 명칭			사이버몰 도메인			

사업장 구분 및 면적		도면 첨부		사업장을 빌려준 사람(임대인)		
자 가	타 가	여	부	성 명(법 인 명)	사업자등록번호	주민(법인)등 록 번 호
㎡	㎡					

임대차 계약 기간	(전 세) 보 증 금	월 세(차 임)
. . .~ . . .	원	원

주 류 면 허			개별소비세(해당란에 ○표)				부가가치세 해당 여부 ※법인사업자만 적음	
면 허 번 호	면 허 신 청		제 조	판 매	장 소	유 흥	여	부
	여	부						

공동사업자명							
출자금	원	변경일		변경 구분(해당란에 ○표)			
성 명	주민등록번호	지 분 율	관 계	성 립	지분 변경	탈 퇴	
	–						
	–						

210mm×297mm[백상지 (80g/㎡) 또는 중질지 (80g/㎡)]

2) 통신판매업 신고하기

통신판매업은 온라인 사업자라면 반드시 신고를 해야 하는 의무사항이다. 모두가 안심하고 온라인 거래, 전자 상거래를 이용할 수 있도록 국가에서 마련한 안전망이기 때문에 판매자와 구매자 모두에게 필요한 절차라고 할 수 있다.

(1) 통신판매업 신고를 위한 준비 사항

① 사업자등록

해당 사업을 위해 필요한 자격을 갖췄는지, 어떤 업종의 사업인지 확인을 위해 필요하다.

② 홈페이지

온라인으로 사업을 운영할 수 있는 홈페이지가 필요하다.

③ 구매 안전서비스 이용확인증

온라인에서 금전이 오갈 때 거래 안전성을 높이는 데 필요한 서비스이다.

(2) 통신판매업 신고 방법

① 방문 신고

각 시, 군, 구청 지역경제과에 직접 방문하여 신청할 수 있다. 방문 전에 '구매 안전서비스 이용확인증'을 미리 준비해야 하며 통신판매업 신고 서류, 사업자등록증, 법인등기사항증명서 등과 같은 필수 서류는 행정정보 공동이용에 동의하면 확인할 수 있으므로 별도로 준비하지 않아도 된다. 직접 방문하여 신고 서류와 증빙 서류를 제출하면 접수가 완료되고 대체로 3~7일 이내에 처리가 끝나지만 담당 지역이 아닌 경우 시간이 조금 더 걸릴 수도 있다.

② 온라인 신고

정부24 (http://www.gov.kr) → 공동인증서 로그인 → 서비스 → 신청·조회·발급 → 통신판매업 신고 검색 → 신청 → 신청서 작성 → 필수 구비서류 제출 → 신고 서류제출

(3) 통신판매업 신고증 수령 방법

통신판매업 신고증을 받기 위해서는 [통신판매업 등록면허세]를 내야 한다. 지방세법에 따라 1년에 1회 내며 납부 금액은 사업장 소재지에 따라 금액이 달라진다. 직접 수령의 경우는 담당 시, 군, 구청에 내면 되고, 온라인으로 직접 출력을 하는 경우는 위택스, 이택스에 접속해서 내면 신고증을 받을 수 있다. 기존에는 통신판매업 신고증을 담당 시, 군, 구청에서 직접 받는 방법밖에 없었지만, 사업자의 불편을 줄이기 위해 2021년 5월부터 온라인에서 직접 신고증을 출력할 수 있도록 변경되었다.

II

창업 후 경영

Start-up of Beauty Cosmetics

1. 경영의 개념과 기능
2. 인적자원관리
3. 마케팅 전략
4. 경영분석
5. 경영통제
6. 고객관리

1 경영의 개념과 기능

1) 경영의 개념

경영(Management)은 기업을 운영하고, 또 통제하는 활동(the act of running and controlling a business)으로 정의되며, 관리(Administration)는 조직을 조직화하고, 감독을 하는 일련의 활동(the range of activities connected with organizing and supervising an organization)으로서 정의된다.

경영(Management)은 지향성을 가지며, 조직을 운영하는 활동 관리는 일 그리고 사무들을 유지·통제·감독하는 활동이다.

2) 경영과 관리의 개념적 차이

① 경영(經營)은 조직을 효율적으로 관리하는 활동이다.
② 경영(Management) : 업무를 조직화하고, 감독하는 활동이다.
③ 관리(管理)는 일을 맡아 처리하는 활동이다.
④ 관리(Administration) : 일을 진행하고, 통제하는 활동이다.

- 경영의 개념을 정의하자면 조직, 그리고 경영자가 추구하는 목표들을 달성하기 위해 인적자원·물적자원·정보 자원·재무자원 등과 같이 제 자원들을 활용하여 제품이나 서비스를 생산, 유통, 판매하는 일련의 활동들을 계획, 조직, 조정, 지휘, 통제하는 과정이라고 할 수 있다.

3) 경영의 기능

- 현대의 경영학에서는 공통으로 Henri Fayol의 견해를 인용한 것이다. Henri Fayol은 관리 활동을 계획(planning), 조직(organizing), 지휘(commanding), 조정(coordinating), 통제(controlling) 5가지로 제시했다.

① 계획화는 조직의 목표를 세워 그 목표를 달성하기 위해 방법을 구체화시키는 경영자의 활동이다.
② 조직화는 계획을 실행하기 위해 업무의 분담과 자원의 배분 및 지휘의 체계 등을 확립시키는 경영자의 활동이다.
③ 지휘화는 업무의 구성원에게 업무를 지시하며, 감독하는 경영자의 활동이다.
④ 조정화는 업무와 자원들을 효율적으로 조정하는 경영자의 활동이다.
⑤ 통제화는 구성원들의 실적을 평가하며, 감독하는 경영자의 활동이다.

경영학 이론의 발전과정에 있어 Henri Fayol은 인식적인 개념(cognitive concept)인 경영을 정의하고 있는데, 가장 포괄적이면서 또 구체적으로 경영의 기능을 제시한 연구자로 평가받고 있다.

4) 기업경영의 의미

기업(enterprise)은 영리 활동을 목적으로 만들어진 구성체이다.

경영(management, business administration)이란 한 마디로 경영자가 하는 일이다. 경영이란 적은 자원을 활용하여 높은 효율성을 추구하면서 높은 목표달성을 통해 높은 효과성을 가져오는 것이다.

① 효율성

최소의 투입으로 최대의 산출을 획득하는 것으로서, 일을 올바르게 하는 것이다.

② 효과성

조직 목표가 달성되도록 활동을 완성하는 것으로서, 올바른 일을 하는 것이다.

5) 기업과 경영과의 관계

기업과 경영과의 관계를 살펴보면 기업은 외형적으로 나타나는 하드웨어라 한다면 경영은 기업을 유지·발전시키는 소프트웨어라고 할 수 있다.

(1) 경영자

① 기업 경영활동에는 조직목표를 설정하고, 그 목표를 달성하기 위해 다른 사람의 업무나 작업 활동을 조정하고, 그런 활동들을 통해 자기 성취뿐만 아니라 조직 성장을 이끄는 사람이다.

② 경영자는 관리나 감독의 폭을 나타내는 직무 활동 범위에 따라 최고경영자, 중간 관리자, 현장 감독자로 구분할 수 있다. 또 경영 체제 방식에 따라 소유경영자와 전문경영자로 구분한다.

③ 기업경영은 전문경영자가 맡아서 하고, 출자자인 주주는 이익 배당에 관한 권리와 위험부담에 대한 책임을 지는 체제를 소유와 경영의 분리라고 한다.

(2) 소유와 경영의 분리

출자와 경영의 분리, 자본과 관리의 분리, 소유와 비제의 분리라고도 하며, 주식회사의 규모가 커짐에 따라 나타내는 회사 형태의 변천이다.

6) 기업의 형태

(1) 개인 기업(individual enterprise)

- 보통 경영자와 출자자가 같은 한 사람에 의해 운영되는 기업

(2) 공동 기업

① 합자 회사(limited partnership)

2인 이상의 출자자가 설립한 회사로 자본 출자뿐만 아니라 회사 경영에 참여하는 무한 책임 사원과 단순히 출자만 하여 이윤을 배당받고 경영에는 참여하지 않는 유한 책임 사원으로 이루어진 기업형태이다.

② 합병 회사(general partnership)

2인 이상이 공동으로 출자하고, 경영활동에 대해 모든 사원이 연대하여 무한 책임을 진다.

③ 유한 회사(private company)

2인 이상 50인 이내의 유한 책임 사원만으로 구성이 되어 있는 회사로 출자자 수가 제한되어 있어 주식회사보다 자본 규모를 크게 늘릴 수 없다.

가. 공동 기업

공동 기업은 2인 이상의 출자자가 인적, 물적 요소를 공동으로 출자하여 영리를 목적으로 기업 행위를 하는 기업을 말한다. 공동 기업은 그 규모에 따라 소수 공동 기업과 다수 공동 기업으로 구분한다.

나. 무한 책임 사원

기업이 채무를 다 갚지 못하는 경우, 자신의 개인 재산까지 지급의무를 지는 출자자이다.

다. 유한 책임 사원

회사의 채무를 상환하는 경우, 자신의 출자한 안의 범위에서 책임을 지는 출자자이다.

라. 유한 책임 회사(limited liability company)

회사의 주주들이 어떤 채권자에 대하여 투자액(자기 투자액)의 한도 내에서 법적인 책임들을 부담해주는 회사로, 유한 책임 사원만으로 구성된다. 중소기업이나 탄력적이고 융통성이 필요한 회사에서 많이 이용한다. 2012년 4월 개정 상법에서 도입되었다.

마. 주식회사(stock corporation, joint stock company)

자유 시장 경제의 대표적인 기업의 형태로서, 다수의 자본가가 공동으로 출자를 하여 회사를 설립하며, 출자자인 각 주주는 출자한 금액의 한도 내에서만 책임을 지는 유한 책임 회사

바. 공기업(public enterprise) 및 공사 합동 기업(mixed ownership government corporation

※ 공기업이란 국가나 지방 자치 단체가 공익을 목적으로 투자하여 운영되는 기업형태를 말한다. (한국은행, 한국도로공사, 서울메트로, 신용보증기금 등)

※ 공사 합동 기업은 공기업과 사기업이 혼합한 형태로서, 국가 및 지방 자치 단체와 사기업이 공동 출자하여 운영하는 기업형태이다. (기업은행, 한국거래소 등)

2 인적자원관리

1) 인적자원 관리

(1) 정의 및 이력

비즈니스 및 업종에 상관없이 직원은 기업의 성공에 가장 중요하다. 그러나 이 점이 늘 잘 인식되는 것은 아니다. 유럽에서 산업혁명이 한창이던 18세기 산업계를 이끌던 Robert Owen과 Charles Babbage는 직원의 만족도와 비즈니스 성장의 관계를 기록하기 시작했다. 이들은 직원이 행복하고 건강하지 않으면 조직이 오래 지속할 수 없다는 결론에 도달했다.

직원 경험 및 만족도에 대한 최신 관점은 여기서 크게 발전했지만 모두 Owen과 Babbage가 주창한, 직원 경험을 개선하면 비즈니스 성과도 개선된다는 초창기 개념과 연결되어 있다.

HRM(인적 자원 관리)는 조직 내에서 효율적인 직원 배정, 온보딩, 배치 및 작업자 감독에 집중하여 직원 성과 및 경험을 극대화하기 위한 전략적인 접근 방식이다.

HRM은 종종 간단히 줄여 HR(인적자원)이라고도 하는데, 기업 내에서 일반적으로 직원 정책 관리를 담당하는 부서를 나타내기도 한다.

2) 인적자원 관리 중요성

직원을 설명하는 데 '자원'이라는 용어를 사용하는 것이 다소 비인간적으로 느껴질 수 있지만, 현실에서 직원은 회사가 보유할 수 있는 가장 중요한 핵심 자원이다. HRM은 조직이 직원이라는 자원을 더욱 효율적으로 관리하여 여러 가지 핵심 장점을 누리도록 돕기 위해 존재한다.

다음은 효과적인 HRM 전략을 도입하면 얻을 수 있는 몇 가지 이점이다.

(1) 더 나은 교육 및 더 빨라진 온보딩

신규 직원 채용, 교육 및 장비 제공은 투자이며, 신규 직원은 업무에 어느 정도 속도가 붙을 때까지 투자 비용을 회수할 수 없다. 인적자원 관리는 교육 프로세스를 개선하고 간소화하기 때문에 신규 직원은 생산성을 발휘하는 데 필요한 기능 및 정책을 빠르게 배울 수 있다.

(2) 직원의 융통성 강화

효율적인 HRM 전략을 도입하면 교육이 온보딩 프로세스에서 그치지 않는다. 인적자원 관리는 개인 및 직업 차원에서 지속적인 발전을 촉진하므로 직원이 회사 내에서 변화와 성장에 적응할 수 있다.

(3) 직원 인사고과의 더욱 정확한 인정

HRM은 정기적인 직원 성과 평가를 통해 구현할 수 있다. 따라서 기업에서는 뛰어난 업무 실적을 파악하고 보너스, 특전 및 기타 보상을 통해 가장 뛰어난 성과를 보여준 직원을 인정할 수 있다.

(4) 개선된 충돌 해결

기업 내에서 개인 또는 당사자 간에 충돌이 발생하면 인적자원 관리팀에서 조정할 수 있다. 공정한 상담사 및 기타 자원이 업무 중단 없이 충돌이 빠르게 해결되도록 해야 한다.

(5) 생산성 증대

적절한 교육 및 도구를 제공하는 그것뿐만 아니라 직원 경험을 개선하는 데 더욱 집중하다 보면 직원들이 발전할 수 있는 근무 환경이 조성된다. 즉 생산성을 높이는 데 장애물이 줄어 비용이 절감되고 성과가 늘어난다.

(6) 더 나아진 직원 삶의 질

긍정적인 직원 경험은 이 목록에 나와 있는 모든 장점 외에 목록에 없는 장점에까지 이바지한다. 자신의 가치를 분명하게 이해하고 직장 생활과 관리 직급과의 관계를 긍정적으로 인식하는 직원들은 행복 지수가 높다. 더 행복한 직원들이 더욱 효율적인 조직을 만든다.

3) 인적자원 관리의 책임

인적자원 관리는 비즈니스의 내부 측면에 영향을 미치도록 확장된다. 여기에는 직원 배치 및 유지에서부터 작업장 정책 확립, 규정 준수까지 해당한다. 실제로, 직원이 소속되어 있거나 직원과 소통하는 모든 부서는 자연적으로 HRM에 포함된다.

그렇긴 하지만 인적자원 관리는 일반적으로 책임에 따라 직원, 작업장 및 법무, 이렇게 3가지 범주로 구분할 수 있다.

(1) 직원 경험

가장 기본적으로, 직원 경험은 첫 만남 및 온보딩에서부터 이직하는 순간까지 직원 여정의 전 과정에서 직원의 인식 및 느낌을 설명한다. HRM의 책임은 전체 직원 여정 전반으로 확장되고 다음을 포함한다.

(2) 채용

채용 단계에서 인적자원 관리는 자리에 딱 맞는 적임자를 찾기 위해 마련된 신뢰할 수 있는 정책 및 계획 개발에 집중된다. 이 책임은 다음 4가지 영역으로 구분된다.

① 직원 재치 계획 개발

회사의 인력 필요를 결정하기 위해 인적자원 관리에서는 직원 배치 계획을 수립한다. 이렇게 하면 회사에서 인력을 적절하게 충원하고 목표를 달성하기 위해 채용해야 할 직원 수 및 기능 집합을 파악할 수 있다.

② 채용 정책 개발

HRM은 회사에 필요한 직원 수를 결정해야 할 뿐만 아니라 채용 정책의 개발 및 구현을 책임집니다. 이러한 정책 중 일부는 직장 내에서 늘어나는 다문화 추세를 증진하도록 마련할 수 있다.

③ 채용

채용 후보자 파악, 모집 및 면접 역시 인적자원 관리의 책임 내에 속한다. 공석을 채우기 위한 적임자를 찾기 위해 채용팀, 채용 담당자 한 명 또는 타사에서 지원받은 외부 채용 담당자가 관여할 수 있다.

④ 선정

면접, 협상 및 최종 채용은 HRM의 채용 프로세스의 마지막 단계이다.

(3) 온보딩

단순히 적임자를 채용하는 것보다 효율적인 인력을 구축하는 것이 훨씬 더 중요하다. 채용 및 선정 프로세스를 통해 유능한 직원을 찾으면 인적자원 관리에서는 새로 채용한 직원이 새로운 업무의 사회 및 성과 측면에 맞춰 조정할 수 있도록 지원해야 한다. HRM의 온보딩 책임은 다음과 같다.

① 신규 직원 오리엔테이션

신규 직원이 새로운 직무에 적응하는 첫 단계는 직원 오리엔테이션이다. 오리엔테이션에서는 조직에 대한 기본 정보를 제공하고 직원이 회사에서 맡은 임무를 수행할 수 있도록 준비시킨다. 또 오리엔테이션은 긍정적인 관계를 탄탄하게 만들 기회이고, 지속적인 직원 만족을 위한 장을 만들 수 있다.

② 교육 및 개발

일반적으로 기업에서는 기능 및 경험을 바탕으로 개인을 채용하지만, 대부분의 신규 직원들이 새 직무를 만족할 만한 수준으로 수행하려면 직무 교육이 필요하다. HRM의 책임은 프로세스 진행 중 신규 직원들에게 지시 사항을 전달할 뿐만 아니라 지속적인 개발을 위한 확실한 기회를 제공하는 것이다. 또한, 교육에는 정책 및 법무 관련 교육도 포함된다.

③ 보상

인적자원 관리는 보상이 공정하고, 매력적이고, 확립된 업계 표준을 충족하도록 보장할 책임이 있다. 신규 직원의 급여를 결정하는 일 외에도 보상 책임에는 건강 복리후생, 퇴직 연금, 유급 휴가, 보너스와 직원이 수행한 업무에 대한 보상으로 받을 수 있는 그 외 모든 것을 지정하는 일이 포함된다.

(4) 유지 주도

적절한 직원을 채용하고 성공적으로 온보딩을 마치면 HRM의 책임은 조직 내에서 해당 직원을 오래 유지하는 것으로 바뀐다. 직원 보상 및 급여는 개인이 회사를 계속 다니는지 아닌지와 상관없이 중요한 역할을 할 수 있지만, 그 밖에 회사 문화, 계층 구조, 개인적인 관계 또는 업무 자체 관련 문제 등 고려해야 할 다른 요인이 있다. 직원 유지율을 높이기 위한 인적자원 관리의 책임은 다음과 같다.

① 직원 평가

효율적인 인적자원 관리는 직원 평가가 양방향이어야 한다는 점을 잘 알고 있다. 직원의 성과를 평가하고 건설적인 비판을 제공하면 직원이 성공을 위한 최고의 기회를 얻도록 도와줄 수 있다. 동시에 종종 정기 설문 조사의 형태로 솔직한 피드백을 요청하여 직원들에게 회사를 전반적으로 평가하고 관리자를 구체적으로 평가할 기회를 준다.

② 통신

HRM에는 모든 직원이 통신 채널을 사용하고 액세스할 수 있도록 할 책임이 있다. 효율적인 통신은 불만이 있는 직원들에게 한계점에 도달하기 전에 불만을 털어놓고 문제에 대한 해결책을 찾을 기회를 제공한다. 일반적으로 불만을 표출할 기회를 얻기만 해도 직원들의 만족도가 개선된다.

(5) 등록 취소

자발적 사직, 자발적 퇴사 또는 은퇴를 통해서든 상관없이 직원과 회사는 결국 헤어져야 한다. 효율적인 등록 취소는 미흡한 부분 없이 이 과정을 법적으로 올바르게 관리하기 위해 마련했다. HRM의 등록 취소 책임은 다음과 같다.

① **퇴직자 면접**

퇴직자 면접은 조직과 직원이 헤어지기 전 정보를 교환할 수 있는 공식적인 마지막 기회이다. HRM은 솔직하고 허심탄회하게 소통할 수 있는 퇴직자 면접 프로세스(주로 일대일 미팅 또는 직원 설문조사)를 마련할 책임이 있다. 퇴직자 면접을 적절하게 관리하면 조직을 개선하는 방법에 대한 신뢰할 수 있는 피드백을 얻을 수 있고 기업과 이전 직원이 원만하게 헤어질 수 있다.

② **퇴사 서류 작업**

법적 등록 취소에는 문서화가 필요하다. 인적자원 관리에는 모든 퇴사 서류 작업이 잘 정리되어 있고 법 및 회사 표준을 충족하는지 확인하는 작업이 포함된다.

③ **IT 팀과 조정**

직원이 퇴사하는 경우 회사 IT 도구 및 자원에 대한 해당 직원의 액세스 권한을 회수해야 한다. HRM은 IT 팀과 함께 조정하여 이 프로세스가 잘 진행되었는지 확인하고 회사 소유 모든 장비를 회수하고 소재를 확인해야 한다.

④ **최종 지급**

HRM은 이전 직원이 뛰어난 업무 성과에 대한 보상을 모두 받았는지 확인할 책임이 있다.

(6) 작업장 환경

직원 경험과 밀접하게 연결된 작업장 환경은 회사의 성공에 큰 영향을 미칠 수 있다. 작업장 환경이라는 용어는 직원들이 작업하는 위치 및 조건을 나타낸다. 여기에는 사무실 자체와 관련된 물리적 문제와 프로세스 및 절차 등 형태가 확실하지 않은 문제가 있다. 인적자원 관리의 작업장 책임은 다음과 같다.

① **작업장 정책**

작업장 정책은 생산성 및 평등에 이바지하는 환경을 증진하기 위해 존재한다. HRM은 정책에 대한 필요 또는 정책을 변경할 필요를 파악하기 위해 경영진 및 각 부서와 긴밀하게 협력하고, 이러한 정책을 간략하게 설명하고, 정책에 대한 인증 및 최종 승인을 구한 다음 해당 정책을 직원에게 전달할 책임이 있다.

정책은 복장, 인터넷 사용, 징계 조치 또는 작업 환경과 관련된 기타 모든 문제와 관련이 있을 수 있다.

② **사무실 통신**

효율적인 작업장 환경은 신뢰할 수 있는 사무실 내 통신 없이는 존재할 수 없다. HRM에는 업무 환경을 통해 명확하고 신뢰할 수 있는 통신을 증진하기 위한 채널 및 조정 도구를 마련할 책임이 있다.

(7) 법적 측면

또한, HRM은 비즈니스가 해당하는 작업장 법률 및 규정을 잘 준수하는지 확인하는 것과 긴밀한 관련이 있다. 잘 운영되는 인적자원 전략은 핵심적인 규정 준수를 증진하고 발생할 수 있는 끔찍한 법적 소송에서 기업과 직원을 보호하는 데 도움이 된다. HRM의 법적 책임은 다음과 같다.

① 법 인식

인적자원 관리의 가장 중요한 의무 중 하나는 고용 및 비즈니스와 관련된 법 및 의무를 인식하는 것이다. 여기에는 일반적으로 다음이 포함된다.

가. 차별 금지법

나. 의료 요구 사항

다. 보상 요구 사항

라. 작업자의 안전 관련 법률

마. 노동법

② 외적 요인에 대한 인식

HRM은 거의 전적으로 조직의 내부 작업자와 관련된 업무만 하는 것으로 인식되지만 외부 추세 및 기타 추세에도 맞춰 나갈 책임도 있다. 외적 요인에는 다음이 포함될 수 있다.

가. 세계화(국제법 및 규정 포함)

나. 고용법에 대한 지속적인 변경

다. 경제적인 요인

라. 사회적인 요인

마. 기술의 발전 및 추세

바. 의료 비용

4) 인적자원 관리의 특수화

광범위한 HRM의 책임을 고려했을 때 모든 인적자원 관리 전문가가 같은 특수화를 준수할 필요는 없다. 다음은 HRM 내에서 개발에 초점을 맞추기 위해 선택할 수 있는 여러 영역이다.

(1) 인력 계획 및 고용

여기에는 채용 전략 수립 및 도입, 채용 후보자 면접, 채용 전 시험 관리, 배경 조사 수행 및 홍보, 전근 및 퇴사 처리 등이 있다.

(2) HR 교육 및 개발

여기에는 교육 프로그램 개발 및 평가, 교육 세션 진행, 교육 프로그램에 직원 참여와 관련된 기록 유지 관리 등이 있다.

(3) 총 보상 혜택

여기에는 업무 분석, 직무 설명 작성, 평가 및 분석 수행, 보상 설문 조사 작성 및 검토, 이러한 프로세스에 관여할 수 있는 위탁한 업체 관리 등이 있다.

(4) 직원 및 노사 관계

여기에는 조합 계약 작업, 직원 불만 해결, 직원 참여 프로그램 관리 및 단체 교섭 계약 협상 등이 있다.

(5) 위험 관리

여기에는 안전 검사 구성 및 관리, 의료 및 안전 프로그램 수립, 작업장 안전사고 문서화, 의료 및 안전 규정 준수 보고서 준비, 안전한 작업 환경 유지 관리 등이 있다.

(6) 조직적 지도력

여기에는 효율적인 지도력 기법 및 프로그램 개발, 전문성 워크숍 진행, 갈등 중재 등이 있다.

(7) 재무 관리

여기에는 부서 예산 계획, 직원에 대한 공정한 보상 보장 및 새로운 프로그램 및 이벤트를 위한 자원 할당 등이 있다.

5) 인적자원 관리 기능

인적자원 관리는 성장하는 직업 분야다. 인적자원 관리 업무에 관심이 있는 사람은 다음 기능을 개발하기 위해 노력해야 한다.

(1) 직원 관계

직원은 인적자원 중 인간이라는 요소를 구성하므로, 성공적인 HRM 전문가가 직원 관계에 능숙한 것은 당연한 일이다. 여기서 핵심은 직원 및 관리직 둘 다와 원활하게 소통하고 동시에 각자의 이해를 보호하는 능력이다.

(2) 온보딩

인적자원 관리는 온보딩 프로세스와 광범위하게 연관되어 있으므로 잠재적인 HRM 전문가는 조직에 합류할 뛰어난 기능을 갖춘 개인을 찾아 채용하는 데 능숙해야 한다.

(3) HRIS에 능숙

HRIS(인적 자원 정보 소프트웨어)는 특정 HR 작업 및 프로세스를 자동화 및 지원하는 소프트웨어 클래스이다. 이러한 종류의 도구를 능숙하게 다루는 HRM 전문가는 생산성 및 효율성을 개선할 수 있다.

(4) 성과 관리

공감 및 정서 지능을 비롯한 대인 관계 기능 및 탄탄한 소통은 성과 관리 시 HRM 전문가에게 매우 유용하다. 직원과 잘 소통하고 직원에게 동기를 부여하는 인적자원 관리는 직원들이 성과를 개선하고 회사 목표를 달성하도록 도울 수 있다.

(5) 공동 작업

인적자원 관리는 모든 부서로 확장된다. 따라서 HRM 전문가는 장애물 극복을 위해 HRM 담당자 이외의 사람들과 효율적으로 공동 작업하고, 공통의 목표를 식별하고, 조정할 수 있어야 한다.

(6) 예약

작업 일정 예약, 우선순위 지정 및 재조정은 HRM 작업 부하의 필수적인 부분이다. 고위 HR 관리자는 충돌하는 많은 일정을 고려하고 누구나 자신의 시간을 효율적으로 구성할 수 있는 일정을 생성할 수 있다.

(7) 고객 서비스

HRM은 일반적으로 고객이 아니라 직원과 주로 관련이 있지만 고객 서비스 기능은 여전히 장점이다. 이는 충돌 해결이 HRM의 주요 업무이고 고객 서비스 기술이 이 책임으로 잘 이어지기 때문이다.

(8) 프로젝트 관리

HRM은 일반적으로 지속적인 대규모 프로젝트와 관련이 있다. 이것이 직원 안내서 작성 또는 오래된 작업장 정책 수정을 의미하든 상관없이 이러한 프로젝트를 완료하는 데 필요한 시간 및 자원을 관리할 수 있는 능력은 매우 중요한 기능이다.

(9) 작업자 보상

HRM 전문가는 작업자 보상에 관한 법 및 정책을 확실하게 이해하고 있어야 한다. 여기에는 작업장 사고 발생 시 직원 보상을 위한 조치 계획 작성 및 감독, 직원과 관리자가 보상 프로세스를 협상할 수 있도록 지원하는 일이 포함된다.

(10) 기술적 적성

우리는 디지털 시대에 살고 있고 HRM 전문가는 디지털 기술을 따라갈 수 있어야 한다. 기술 및 도구에 대한 실무 지식은 HRM 전문가가 업무를 더 잘 수행하고, 더 많이 수행하도록 지원한다. IT 관련 경험을 해 본 HRM 전문가는 일반적으로 그렇지 못한 사람보다 앞선다.

6) 인적자원 관리 추세

인적자원 관리가 오랫동안 있는 직무이긴 하지만 최근의 기술 발전과 조직에 우선순위의 변화는 최신 HR 혁신을 이뤄냈다. 여기에서는 HRM에서 현재 추세와 새롭게 등장하는 방향에 대해 살펴보겠다.

(1) HRIT의 떠오르는 중요성

HRIT는 인적자원과 정보기술이 결합하여 많은 기업 내에서 새로운 역할을 만든 것이다. HRM의 증가하는 기술 역할을 고려할 때 앞으로 HRIT에 대해 더욱 중점적으로 다룰 것으로 기대된다.

(2) 인공 지능 및 기계 학습

AI와 기계 학습은 HRM에 잠재적인 문제를 정확하게 자동으로 분석, 예측 및 진단할 수 있는 역량을 제공한다. AI의 가장 매력적인 장점 중 하나가 수천 명의 지원자 중 뛰어난 후보자를 자동으로 식별하는 기능이긴 하지만 AI와 기계 학습은 인적자원 관리의 거의 모든 측면에 영향을 미칠 준비가 되었으며, 많은 얼리 어댑터가 매우 긍정적인 결과를 보고 있다.

(3) 참여 측정 기술

첨단 기술은 연간 성과 검토를 기다릴 필요 없이 기업이 직원 참여를 더욱 정확하게 평가할 수 있도록 한다. 이러한 기술은 비즈니스의 전반적인 상태를 명확하게 파악하기 위해 매일 참여를 정확하게 정량화할 수 있다.

(4) 더욱 강조되는 사람 관리

위탁 및 팀 구조 조정이 점점 더 일반화됨에 따라 광범위한 직원과 계약업체 관리 및 조정 책임은 일반적으로 HRM에게 떨어진다. 이러한 흐름은 향후 몇 년 동안 사람 관리에 더욱 주력하는 것으로 나타날 것이다.

(5) 분석 기술에 대한 수요 증가

적절한 데이터가 있으면 HR 관리자는 패턴을 식별하여 다양한 책임에 더 많은 영향을 미칠 수 있다. 자료수집 기능이 계속 발전함에 따라 데이터를 효율적으로 분석하는 능력은 필수적인 HRM 기술이 되었다.

7) 인적자원 솔루션

직원 성과 및 직원 경험 극대화는 직원들이 생산적이고, 정보를 얻고, 행복하도록 도와주는 올바른 도구를 제공하는 것이다. 참여를 늘리고, 더 나은 통신을 촉진하고, 개선된 솔루션을 개발한다. 결국, 직원은 회사의 가장 중요한 자원이다.

3 마케팅 전략

1) 마케팅 전략

(1) 마케팅 개념에 대한 이해

① 마케팅 활동이 마케팅의 개념이해에 있어 어느 정도 기초를 두고 이루어지는 것인가?

② 마케팅의 개념에 대한 이해가 판매, 그리고 판매 후뿐만 아니라 판매 전(사전적) 대응개념으로 어느 정도 구현되고 있는 것인가?

(2) 최고경영층의 의지

최고경영층에서 마케팅의 중요성에 대한 인식 또는 마케팅 정책에 대한 최고경영층의 의지를 반영한다.

(3) 마케팅 전략의 체계화

① 마케팅 목표의 명확성, 그리고 그것을 구체화한다.

② 마케팅 전략 수립 시 과학적(체계적)으로 접근한다.

③ 현재 시장에서의 상태 또는 기업의 현황들을 분석하여 시장을 세분화하고, 목표하는 시장을 선택하거나, 차별화 등과 같이 전략에 적용한다.

2) 마케팅조직

(1) 마케팅 부서의 조직 내 위상

인력양성이나 자원분배 등이 마케팅 부서에서 할당이 되는 비중 그리고 업무 추진력의 원천인 마케팅부서장의 직급 수준이다.

(2) 마케팅조직의 전문성 및 공식성

업무 수행할 때의 전문성이나 마케팅 전담부서의 업무 공식화 정도이다.

(3) 마케팅 부문별 시너지

① 마케팅의 목표를 달성하기 위한 마케팅 부문 내의 유기적인 협력 여부를 말한다.

② 마케팅의 부문 내에서 총괄 또는 조정기능의 수행 조직 여부와 활동 정도를 말한다.

③ 예상치 못한 환경의 변화가 발생하면 부문 내에서 조정 또는 협력을 도모할 수 있는 어떤 유연성을 말한다.

(4) 타 부문들(R&D · 생산)과의 인터페이스

① 원활하게 활동을 수행하기 위한 타 부문과의 연계 정도를 말한다.

② 시장조사에서부터 상품의 개발 및 제조, 그리고 유통까지 하나의 마케팅에 관련된 프로세스를 원활하게 수행할 수 있도록 하는 공조체제의 유무를 말한다.

③ 부서 간의 협조와 자원의 POOL 또 집중화 정도를 말한다.

3) 마케팅업무

(1) 판매 전

① 마케팅 기획

가. 마케팅업무의 효과성과 효율성을 위해 총괄적인 기능을 수행하는 관제탑을 칭한다.
나. 업무 프로세스적인 관점에서의 전체적 균형을 고려한 조정자의 임무를 수행한다.

② 시장조사

가. 고객 요구를 정확하게 알기 위해 진행하는 정기적인 시장현황분석 및 예측업무를 말한다.
나. 마케팅의 전략적 수립에 있어 체계화, 과학화를 위한 기반들을 마련해야 한다.
다. 조사결과에서 마케팅 전략의 반영 정도를 말한다.

③ 상품개발

가. 신상품 개발 시 전사적인 차원에서 참여, 고객 요구를 충족해야 한다.
나. 실패관리를 통한 사례연구와 활용한다.
다. 기존의 제품에 대해 전략적인 접근과 자원분배, 그리고 신상품 출시에 돕는다.
라. 브랜드(상표)에 대한 전략적인 접근을 말한다.

(2) 판매

① 유통

가. 생산관리 차원에서 유통을 벗어나 고객의 관점에서 편리성과 적시성을 추구한다.

나. 전문적이고 전략적인 유통정책의 적용이 필요하다.

다. 정보기술을 활용한 유통망 관리가 필요하다.

② 판촉

가. 여러 종류의 판촉수단에 대한 전략적인 관리와 최적의 자원을 배분한다.

나. 효과측정과 빠른 피드백을 수용한다.

③ 광고

가. 광고 제작의 참여 정도와 대행사와의 업무분담을 명확화한다.

나. 광고 관리를 체계화한다.

④ 가격

가. 가격 정책 설정 기준을 정한다.

나. 소비자/경쟁자 반응에 기초한 가격 정책을 칭한다.

(3) 판매 후

① 판매 후의 관리

가. 기존의 고객에 대한 중요성 정도의 인식과 관계마케팅의 확대를 위한 기반을 마련한다.

나. A/S 관련해 조직의 구축과 만족도가 향상될 것이다.

② CS

가. 고객의 기대에 걸맞은 높은 양질의 제품과 서비스를 제공한다.

나. CS 조사와 결과의 피드백을 수용한다.

4) 마케팅 인력

(1) 인적자원

가. 적정 규모의 마케팅 인적자원 유지와 분배를 한다.

나. 양질 인적자원의 확보와 마케팅 요원 프로그램 등의 여부와 효과를 살핀다.

다. 인적자원의 효율적인 활용에 따른 업무 질의 향상 정도를 살핀다.

(2) 마인드

가. 마케팅업무의 중요성 인식, 새로운 마케팅 기법의 실무를 적용할 의지가 필요하다.
나. 마케팅 부서에 대한 비전이 중요하다.

(3) 양성

가. 마케팅업무에 관해서 지속적으로 교육을 진행하였는가?
나. 환경의 변화에 따른 새로운 기법이나 정기적으로 교육을 진행하였는가?
다. 조직의 차원에서 마케팅의 기능인력 양성 시에 우선순위(지원, 예산 등) 선정 여부?

5) 마케팅 정보시스템

(1) 시스템 구축

가. 마케팅과 관련된 전사원에 대해서 정보수집을 하거나 입력의 권한과 의무를 부여하는 것이다.
나. 지속적인 유지보수, 그리고 정보가공을 통한 가치의 제고이다.

(2) 활용

가. 각 부문에서의 활용을 위한 접근 용이성을 말한다.
나. 정책에의 반영도를 말한다.

6) 디지털 경제에서 마케팅의 선도적 역할

(1) 구매자들의 역량 증대

가. 구매자들의 힘에 대한 엄청난 증대를 말한다.
나. 이용 가능한 상품과 서비스의 다양화를 말한다.
다. 주문하고 받을 때 판매업자들과 상호작용하는 능력의 증대나 타 구매자들과 대화를 통해 정보들을 비교하는 능력 등의 향상을 말한다.

(2) 기업들의 새로운 역량 증대

가. 기업에서 고객들에게 정보를 제공하고, 상품(제품)과 서비스 판촉을 위해 새롭고 또 강력한 정보나 판매사이트 등을 추가할 수 있고, 나아가서 더 확대된 지역까지 도달할 수 있다.

나. 신속한 거래뿐만 아니라 기존 고객 및 잠재 고객들과의 양방향 커뮤니케이션도 촉진할 수 있다.

다. 제공물과 서비스를 개별적으로 고객에게 맞춤화할 수 있고, 구매, 채용, 교육 훈련, 내외부 커뮤니케이션을 향상할 수 있다.

7) 가치 원동력

(1) 고객가치

① 고객 중심(Customer Centric)의 기업으로서 운영하라.

② 고객의 가치 그리고 만족에 초점을 두라.

③ 고객들의 선호도에 맞춰진 유통채널을 개발하라.

④ 마인드 점유율과 고객만족도·고객 상실률·상대적인 상품의 품질 등 마케팅점수표(Marketing Scorecard)를 작성하여 개발하고 그것들을 관리하라.

⑤ 고객 평생의 가치(Lifetime Value)에 의해서 이익 정도를 산출하라.

(2) 핵심역량

① 타 업체들이 더 잘하고, 더 빨리하고, 더 싸게 할 수 있는 활동을 위탁하라.

② 전 세계적인 '최고급 모범사례(Best Practice)'를 벤치마킹하라.

③ 새로운 경쟁우위를 지속해서 창출하라.

④ 프로세스들을 경영 관리하며 부서의 협력팀(Cross-Departmental Team)으로 구성해 운영하라.

⑤ 오프라인의 시장뿐만 아니라 온라인의 시장 공간에서도 기업을 운영하라.

(3) 협력 네트워크

① 이해관계자들의 이익이 균형될 수 있도록 초점을 맞추라.

② 회사에서 파트너들에게 관대히 보상하라.

③ 더 작은 수들의 공급자들과 거래해 그 공급자들을 파트너로 만들어라.

8) 시장 부활 전략의 형성

(1) 기업주도시장(Company-Driven Market)

① 기업의 입장에서 의미 있는 서비스, 신상품이나 비즈니스 형식을 창출해내고 새로운 가격지점을

설정하여 새로운 경로를 개발하고, 새로운 차원으로 서비스를 향상함으로써 기업이 혁신을 주도해 나간다.

② 기업은 전략적 그룹, 대체산업, 구매자 그룹, 보완제공물과 산업의 기능적인 또는 감성적인 경향, 심지어는 시간 사이의 역학을 보며 자신들의 사업을 체계적으로 재정의할 수 있다.

(2) 고객주도시장(Customer-Driven Market)

① 고객들의 요구를 구체적으로 명시하고, 비즈니스는 그러한 요구를 충족시킨다.

② 소비자들이 셀프서비스 같은 상품을 사용함에 따라 소비자들 스스로가 기업의 파트너, 하청업자이다.

③ 아이디어, 기업의 생산, 유통 운영을 향상하기 위해서 고객들을 기업의 활동에 참여시킬 수 있다.

(3) 협력자 주도 시장(Collaborator-Driven Company)

① 파트너들은 운영효율(Operational Efficiency)을 향상시키는데 도움이 될 뿐만 아니라 기업의 가치나 창출 역량을 강화 해준다.

② 협력자들(Collaborators)은 시장에서 지식 창출을 선도하는 데 중요한 역할을 한다.

③ 더 적은 수의 공급업체와 일함으로써 정보공유, 공동상품개발, 순응적 협력을 활성화해 재고 절감과 상품회전율을 상승시킨다.

(4) 커뮤니티 주도시장(Community-Driven Market)

① 고객들의 커뮤니티가 형성이 되면서 판매자로부터 고객들에게 힘이 이동된다.

② 대부분 커뮤니티는 기업의 영향과 참여로부터 독립적이다.

③ 고객 커뮤니티의 주요 도전과제들은 보통 지속적인 부가가치 서비스의 제공, 그리고 회원 간의 신뢰 유지이다.

9) 마케팅의 변화

(1) 전략적인 마케팅 변화

과거 전략적 사고 방식	새로운 전략적 사고 방식
– 마케팅 부서에서는 글자 그대로 마케팅 활동만 을 수행한다. – 판매담당자는 침입마케팅에 초점을 둔다. – 마케팅은 신규고객 확보에 초점을 둔다. – 마케팅은 즉각적인 거래에 초점을 둔다. – 마케팅 지출을 비용으로 인식한다.	– 고객가치의 탐색, 창출, 전달업무를 마케팅이 통합한다. – 판매담당자는 허가 마케팅에 초점을 둔다. – 마케팅은 고객을 유지하고, 애호도 형성에 초점을 둔다. – 마케팅은 고객의 평생 가치를 확보하는데 초점을 둔다. – 많은 마케팅 지출을 투자로 인식한다.

◆ [표 2–1] 전략적인 마케팅 변화 ◆

(2) 운영적인 마케팅 변화 (Reverse Marketing) – 판매자에서 구매자로 파워 이동

① 역제품디자인: 고객이 직접 제품을 디자인하고 제작한다.

② 역가격: 소비자가 가격 제시자이다.

③ 역광고: 특정한 분야에서 관심을 보이는 특정 고객들을 대상으로 의사소통하는 새로운 방법(Narrow Casting)

④ 역판매촉진 : 고객이 마케팅의 중간상들을 통해서 판촉물 또는 쿠폰을 요청한다.

⑤ 역유통채널: 진열실이 고객들에게 다가가는 것이다.

⑥ 역세분화: 서로 다른 세분 시장에 맞게 적합한 제공물을 개발한다.

⑦ 고객을 위한 4C

- 더욱 향상된 고객가치(Customer Value)
- 더욱 낮은 비용(Cost)
- 더욱 발전된 편리성(Convenience)
- 더욱 나은 커뮤니케이션(Communication)

10) 기업 역량 공간의 평가

역량 공간은 비즈니스에서 집중적인가, 광범위한가에 관한 역량의 폭(Competency Breadth) 정도와 비즈니스의 역량이 지식기반인가, 물리적인 기반인가에 관한 역량의 깊이(Competency Depth) 정도로 설명할 수 있다.

기업역량의 폭에서 자산 집약적 활동(Asset-Intensive Activities)이란 위탁하면서 아래의 세 가지 형태의 사업들에서 핵심역량에 집중해야 한다.

① 인프라 비즈니스

보관, 제조, 물류 그리고 커뮤니케이션 활동의 중심부에 위치해 대량으로 반복적인 운영 활동을 관리해주는 비즈니스이다.

② 상품의 혁신과 상업화 비즈니스

성공 가능성이 큰 새로운 아이디어와 상품 또는 서비스를 창출하고, 상업화를 위한 계획을 세우는 데 연관되어 있는 비즈니스이다.

③ 고객 관계 비즈니스

강력하게 브랜드를 구축하고, 경영관리하며 고객들과의 강력한 관계 형성과 육성하는 데 탁월하다.

11) 기업역량의 깊이

① 지식기반의 기업은 자본 집약적인 프로세스의 많은 부분에 대해 신디케이팅이나 위탁을 고려하고, 그 기업을 차별화시킬 수 있는 비즈니스 영역에만 집중하도록 해 자본을 여유 있게 만들며 기업 자신들의 브랜드를 구축하고, 고객의 관계를 활용하며, 자신들 지식기반의 핵심역량을 창출·향상하는 데 집중하고, 자신들의 고객들에게 가까이 다가가기 위해서 인터넷을 활용하며 독특한 고객제공물을 개발하기 위해서 자료수집과 데이터 마이닝을 활용하고, 비핵심적인 비즈니스 부분들은 신디케이팅하거나 위탁하며, 물리적 기반인 사업 동반자들과의 관계를 잘 경영하기 위해 노력한다.

② 물리적 자산기반인 기업은 그들의 전략과 프로세스, 조직, 시스템 등을 잘 조율해 지식기반인 기업들에 최고의 원자재를 제공하는 업체가 되기 위해 노력하며 지식기반인 기업들에 상품과 서비스 가치를 제공하고, 또 자본을 효과적으로 경영관리하며, 더 효율적으로 최고 관행을 실행하면서 시장에서 자신들을 차별화시킨다.

12) 협력자 자원공간의 확보

① 오늘날 많은 기업들은 스스로 많은 것을 해내기보다 파트너들과 함께 하는 지속적인 향상 또는 공동진화라는 상호이다.

② 기업은 협력자와 고객, 커뮤니티들로부터 생겨나는 평생의 가치 흐름들을 창출하고, 또 유지하고 싶어 한다. 동시에 기업은 의존적인 사이클을 시작하고, 파트너들에게 희망적인 미래를 확신시킬 필요가 있다.

4 경영분석

1) 대차대조표

대차대조표란 특정한 시점에서 현재 기업(회사)이 보유하고 있는 경제적 자원 혹은 자산과 경제적 의무(부채), 그리고 자본의 잔액에 대한 정보들을 보고하는 양식이다.

(1) 대차대조표의 정의

① 대차대조표란 일정한 시점에서의 재무상태를 나타내는 회계보고서이며, 기업이 작성된 그 시점까지 어디서 얼마나 자금을 조달하여 어떻게 투자하였는지를 보여준다.

② 담당자는 대차대조표를 통해서 일정 시점의 기업이 어떠한 형태의 자산에 얼마 정도를 투자하였는지, 기업이 갚아야 하는 부채는 얼마인지, 부채상환을 위해 현금으로 조달할 수 있는 자산 정도는 충분한지, 또 회사를 설립하기 위해 주주들은 얼마 정도를 투자하였고, 투자 후에 얼마의 이익을 창출하였는지 등의 정보를 알 수 있다.

③ 대차대조표는 해당 기업의 재무상태 정도를 보여주는 매우 기본적인 회계자료이고, 상법에서는 기업 스스로 의무적으로 작성하게 하고 있다.

(2) 대차대조표의 기능

대차대조표는 일정한 시점에서 기업이 보유하고 있는 경제적 자원인 자산과 경제적 의무인 부채, 그리고 자본에 대한 정보들을 제공하는 재무보고서이며, 정보 이용자들이 기업의 재무적 탄력성, 수익성, 유동성과 위험 등을 평가하고 있으며, 다음과 같은 정보들을 제공한다.

① 기업의 총자산 규모가 얼마나 되는지
② 기업의 안정성은 어떤지
③ 기업의 재무구조가 양호한 편인지
④ 적절한 유동성을 확보하고 있는지

(3) 재무구조의 평가

① 부채의 비율 = 타인자본(부채) / 자기자본(자본) × 100
② 유동적 비율 = 유동자산 / 유동부채 × 100
③ 재무적인 융통성 = 부채가 많으면 많을수록 재무적 융통성이 부족

(4) 수익률의 계산

① 자기자본의 이익률 = 당기순이익 / 자기자본

② 총자산의 이익률(ROA) = 당기순이익 / 총자산

(5) 대차대조표 종류

대차대조표는 기업의 자산과 부채, 자본 현황 등을 보여주는 재무보고서이며, 작성되는 형식에 따라서 계정식과 보고식으로 구분하고 있다. 계정식의 경우 대차대조표의 수치를 한눈에 파악할 수 있기 때문에 보고식보다는 편리하다.

① 계정식

T자형으로 구분하며, 자산은 왼쪽에 두고, 부채나 자본은 오른쪽에다 작성하는 형식이며 자산의 총계와 부채 + 자본의 총계가 일치하는 것을 좀 더 쉽게 확인할 수 있다.

② 보고식

대차대조표를 위에서부터 아래순으로 자산과 부채 그리고 자본의 순서로 나열하는 형식이다.

(6) 대차대조표의 구성

- 대차대조표는 일정 시점의 재무상태를 나타내는 보고서로써 기업이 그 시점까지의 자금을 어디에서부터 얼마나 조달해 어떻게 투자하였는지를 보여준다.
- "자산 = 자본 + 부채"라는 회계에서 가장 기본적인 등식의 형식을 가지며, 자산총계(총자산)의 합계는 매번 부채총계(총부채)와 자본총계(총자본)의 합계액과 정확하게 일치한다.
- 대차대조표는 대변과 차변으로 구성되어 있고, 차변의 자산은 자금이 어떻게 사용되고, 또 얼마나 남아 있는가를 보여주며, 대변의 부채·자본 항목은 자금이 어떻게 조달되었는가를 알 수 있게 한다.

① 자산

자산은 일상적으로 쓰이는 재산과 비슷한 개념이며, 재산은 사람이 소유하고 있는 현금, 예금, 집 등과 같이 각종 유형, 무형의 법적 권리와 물건을 의미하고, 기업의 자산은 해당 기업이 소유하고 있는 각종 유형, 무형의 법적인 권리 또는 물건이다. 또한 기업의 자산은 대차대조표를 작성하게 되는 시점을 기준으로 1년 이내에 현금화를 시킬 수 있는지, 아닌지에 따라서 유동자산과 비유동자산으로 구분된다.

가. 유동자산

- 1년 이내 현금화가 가능한 자산이며, 현금·유가증권·매출채권과 같이 당좌자산과 판매·제조를 위한 재고자산 등을 포함한다.

- 당좌자산이란 예금, 현금, 유가증권, 외상 매출금 등 환금이 쉬운 유동자산이다.

나. 비유동자산

- 1년 이후에 현금화가 가능한 자산이며, 장기 투자 자산이나 토지·건물과 같은 유형의 자산으로 기업이 소유하고 있는 무형자산 등이 포함된다.

- 투자자산이란 기업의 투자로 생기는 자산, 기업에서 투자의 목적으로 보유하는 자산이며, 투자 유가증권·시설투자 때문에 생긴 토지, 건물, 기계, 정기예금, 금전신탁 등을 의미한다.

- 유형자산이란 영업활동을 하기 위해서 기업이 소유하고 있는 유형의 자산이나 건물, 토지, 선박 등이 포함된다.

- 무형자산이란 법률상의 특허권 또는 영업권 같이 형태가 없는 무형의 자산. 상표권, 지상권, 상호권 등을 말한다.

② 부채

- 기업이 필요한 자금을 조달할 때의 방법은 타인에게서 자금을 빌리는 방법, 그리고 주주들로부터 투자를 받아서 조달하는 방법 등이 있다. 이 중에서 타인으로부터 빌려 조달한 자금을 부채라고 한다.

- 부채란 기업이 현재 혹은 미래에 기업의 소유한 자산을 통해 타인에게 지급해야만 하는 채무를 말하며, 부채 역시도 결산일로부터 1년 이내에 상환해야 하는지에 따라 유동부채와 고정부채로 구분된다.

가. 유동부채

1년 이내에 상환해야 하는 외상의 매입금·단기차입금·장기부채(만기가 1년 미만) 등

나. 고정부채

1년 이후에 상환해야 하는 장기차입금 등의 부채

③ 자본

- 기업이 필요한 자금을 조달할 때의 방법 가운데 주주가 회사에 직접적으로 투자함으로써 조달된 자금이다. 과거 기업의 활동에 의한 이익금 중에서 배당금 등으로 기업 외부에 유출되지 않고 기업 내부에 축적되어 있는 잉여금도 자본에 포함된다.

- 기업이 소유 중인 총 자산에서 총 부채를 제외한 것이 자본이며, 자본은 자기자본 또는 순자산이라고도 한다. 경영분석에서 흔히 사용되는 총자본은 부채 + 자본 금액인 총자산을 말한다. 기업 부채의 비율은 부채를 자본에 대비하여 계산한 비율이다.

가. 자본금

자본금은 주주나 소유주들이 기업에 투자한 원금이다.

나. 자본잉여금

자본거래에 의해서 발생한 잉여금을 말하며 합병차익과 감자차익 등을 말한다.

다. 이익잉여금

영업활동에 의해서 발생한 이익금 중에 배당하지 않고 기업 내부에 유보한 잉여금이며 이익준비금과 임의적립금, 차기이월 등을 말한다.

라. 자본조정

자본에 대한 가감하옥이며 주식할인발행차금·배당건설이자·자기주식·투자 유가증권 평가이익·해외사업환산차 등을 말한다.

(7) 대차대조표 작성 시의 유의사항

① 대차대조표는 기업회계의 기준서에서 규정하는 재무제표의 작성, 그리고 표시 기준에 따라 작성한다. 대차대조표는 재무제표 중의 하나로 기업에서의 경영활동과 재무상태를 기간별로 요약하여 작성한 회계보고서로 기업의 외부관계자에게 전달되는 재무보고에서의 핵심적인 수단이라고 할 수 있다.

② 재무제표는 정보의 이용자인 주주, 투자자, 채권자, 정부 등의 경제적인 의사결정을 위해 유용한 정보가 되며, 재무제표에는 손익계산서, 대차대조표, 이익잉여금처분계산서, 자본변동표, 현금흐름표 등이 있다.

(8) 대차대조표 작성기준

대차대조표는 다음과 같이 각각의 기준에 따라 작성해야 하며, 기본원칙에 어긋나지 않도록 작성해야 한다.

① 구분 표시

가. 자산 = 비유동자산, 유동자산

나. 부채 = 비유동부채, 유동부채

다. 자본 = 자본조정, 자본금, 자본잉여금, 이익잉여금

② 총액 주의

자산·부채·자본은 총액으로 기재하는 것을 원칙으로 하며, 자산의 항목과 부채 또는 자본 항목과 상계하며 그 전부나 일부를 대차대조표에서 제외해선 안 된다.

③ 1년 기준

자산 및 부채는 1년을 기준으로 비유동자산과 유동자산으로 구분한다.

④ 유동성배열법

자산 및 부채의 구성 항목 중에서 빠른 시간 내에 현금화가 가능한 순서대로 배열을 한다.

⑤ 잉여금의 구분

자본계정의 항목들을 표시할 때 주주와의 거래로 인해 발생한 자본잉여금이나 영업활동의 결과로 인해 발생한 이익잉여금을 반드시 구분해 나눠서 표시해야 한다.

⑥ 미결산항목의 표시

미결산항목은 적절한 과목으로 표시하고, 비망계정은 대차대조표의 자산 또는 부채 항목으로 표시하면 안 된다.

(9) 자산 및 부채의 유동성 판단기준

자산 및 부채는 유동성의 여부에 따라서 부채(유동자산)과 부채(비유동자산)으로 구분할 수 있으며, 대차대조표를 작성할 때 유동성의 기준은 다음과 같다.

① 자산

가. 1년을 기준으로 자산을 비유동자산과 유동자산으로 분류하며, 정상적인 영업주기 내에 판매가 되거나 회수되는 매출채권과 사용이 되는 재고자산 등은 대차대조표의 일로부터 1년 이내에 실현되지 않았더라도 유동자산으로 분류된다.

나. 이 경우에 유동자산으로 분류해놓은 금액 중 1년 내에 실현되지 않을 금액들을 주석으로 기재하며, 장기미수금 또는 투자자산에 속하는 매도가능증권 그리고 만기보유증권 등의 비유동자산 중에 1년 내에 실현되는 부분들은 유동자산으로 분류한다.

② 기준

가. 1년을 기준으로 부채는 비유동부채와 유동부채로 분류하며, 정상적인 영업주기 내에 소멸할 것으로 예상되나 매입채무나 미지급비용 등은 대차대조표 일로부터 1년 내에 결제되지 않았더라도 유동부채로 분류한다. 이 경우에 유동부채로 분류한 금액 중에 1년 이내에 결제되지 않을 금액들은 주석으로 기재한다.

나. 유동성 장기차입금 및 단기차입금, 당좌차월 등은 대차대조표 일로부터 1년 내에 결제되어야 하기 때문에 영업주기와는 관계없이 유동부채로 분류되며, 비유동부채 중에 대차대조표 일로부터 1년 내에 자원의 유출이 예상되는 부분들은 유동부채로 분류한다.

(10) 대차대조표 한계성

대차대조표는 작성한 현재 일의 재무적인 상태를 수량화해 보여주는 회계보고서이며, 다음과 같이 한계가 있는 것을 고려해 작성한다.

① 역사적 원가주의

현재 시장 가치들을 즉각적으로 나타내지 못한다.

② 주관적인 판단과 개입

계장치의 사용 가능 햇수 및 매출채권의 회수 가능성과 기존가액의 추정, 우발성 채무의 추정 등

③ 자산, 부채의 표시

화폐로 측정할 수 없으면 표시하지 않는다.

2) 손익계산서

(1) 손익계산서의 정의

손익계산서란 일정 기간 발생한 수익, 그리고 비용을 기록해 당해 기간 동안에 얼마만큼의 이익이나 손실을 보았는지 경영성과를 보여주는 보고서이다.

즉, 일정 기간 기업이 생산하거나 매입한 제품(또는 상품)을 어느 정도 판매하였고, 그 원가는 얼마고, 또 판매 활동이나 관리 활동을 위해서 지출된 비용은 얼마인지를 보여주는 것이다.

(2) 손익계산서의 기능

손익계산서는 일정 기간 기업의 경영적인 성과에 대한 정보를 제공해주는 재무보고서이며, 당해 회계 기간 동안의 경영성과를 나타내며, 기업의 미래 현금흐름, 그리고 수익 창출 능력 등의 예측에 유용한 정보들을 제공한다.

구분	기능
얻을 수 있는 정보	① 회계 기간 동안의 기업의 경영성과 ② 비용관리의 효율성 여부 ③ 회사의 영업활동으로 인해 발생한 성과나 재무활동으로 인해 발생한 성과 ④ 회사의 계속된 성장 여부 ⑤ 회사의 배당가능이익 규모 정도 ⑥ 향후의 수익 또는 현금흐름의 창출 능력
활용 분야	① 경영능률(경영자) 측정 ② 주주 또는 채권자에게 미래현금흐름예측에 필요로 한 정보들을 제공 ③ 경영 의사결정(경영자들)에 사용 ④ 과세당국에서의 과세기초자료로 활용 ⑤ 회사에 투입되어 있는 자본과 이익을 명확하게 구분

◆ [표 2-2] 손익계산서의 기능 ◆

(3) 손익계산서 및 대차대조표

① 손익계산서(income statement)란 기업의 경영성과 정도를 밝히기 위해 일정 기간 내에 발생한 모든 수익이나 비용을 대비시키며, 당해 기간의 순수한 이익을 계산하고 확정하는 보고서이다.

② 대차대조표(balance sheet)란 어느 시점에서 재무상태를 나타내는 회계보고서이며, 기업이 어떤 시점까지 자금을 어디서 얼마나 조달해 어떻게 투자하였는지를 보여주는 것이다.

손익계산서 및 대차대조표를 통해 얻을 수 있는 정보는 아래과 같다.

구분	정보
손익계산서	① 회계 기간 동안의 기업의 경영성과 ② 비용관리(효율성) 여부 ③ 회사의 영업활동으로 인해 발생한 성과와 재무활동으로 인해 발생한 성과 ④ 회사의 지속적인 성장 여부 ⑤ 회사 배당가능이익의 규모 정도 ⑥ 향후 수익 · 현금흐름의 창출 능력 정도
대차대조표	① 수익률을 계산할 수 있는 기초 정보를 제공 ② 기업의 재무구조 정도를 평가 ③ 유동성과 재무적인 융통성을 평가하는데 필요한 정보들을 제공 ④ 사내에 좀 더 유보된 이익 제공

◆ [표 2-3] 손익계산서 및 대차대조표 ◆

(4) 손익계산서 종류

손익계산서는 기업의 자본 현황, 자산, 부채를 보여주는 재무보고서이며, 작성하는 형식에 따라서 보고식 또는 계정식으로 구분된다. 손익계산서의 수치를 좀 더 쉽게 파악하기 위해선 일반적으로 보고식보단 계정식이 편리하다.

종류	특징
보고식	기업의 손익계산서를 위로부터 아래까지 자산과 부채 및 자본의 순서로 나열하는 형식
계정식	T자형으로 구분해 자산은 왼쪽으로 부채와 자본은 오른쪽으로 작성을 하는 형식이며, 자산의 총계와 부채 + 자본의 총계가 일치하는 것을 한눈에 확인

◆ [표 2-4] 손익계산서의 종류 및 특징 ◆

(5) 손익계산서 구성

손익계산서는 일정 시점에서의 재무 상태를 나타내는 보고서이며, 기업이 어느 시점까지 자금을 얼마나 어디에서 조달해서 어떻게 투자하였는지를 보여준다. "자산 = 부채 + 자본"이라고 하는 회계에서 가장 기본적인 등식의 형식을 가지며, 자산총계(총자산)의 합계는 항상 부채총계(총부채)와 자본총계(총자본)의 합계액과 정확하게 일치한다. 또 손익계산서는 차변과 대변으로 구성되어 있고, 차변은 자금이 어떻게 사용되었으며 얼마나 남아 있는가를 보여주고, 대변의 부채와 자본 항목들은 자금이 어떻게 조달되었는가를 알 수 있게 한다.

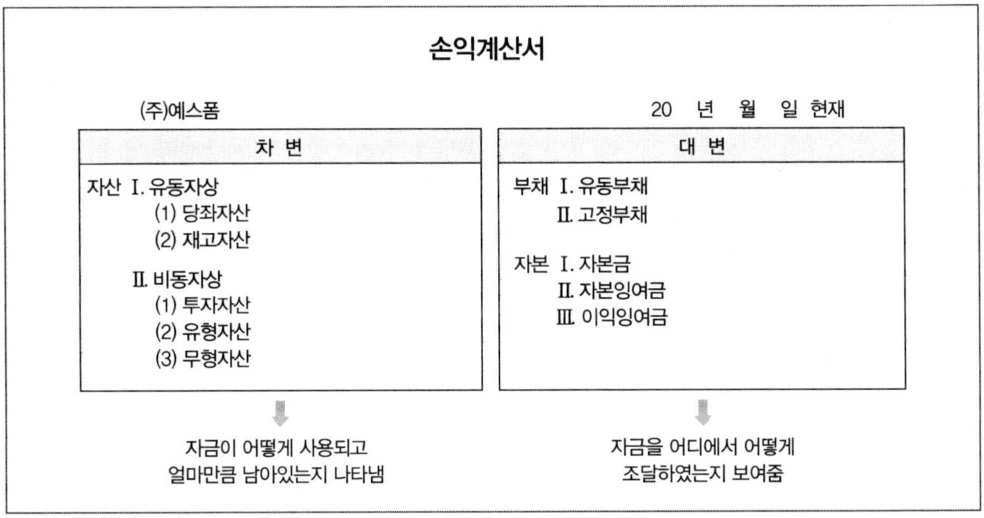

출처: 예스폼, 손익계산서 양식

◆ [그림 2-1] 손익계산서 양식 ◆

(6) 손익계산서 작성 시 주의사항

손익계산서는 기업회계 기준서에 따라 재무제표의 작성법과 표시 기준을 준수하여 작성하도록 한다. 손익계산서는 재무제표 중의 하나로 기업의 경영활동과 재무 상태를 기간별로 요약을 한 회계보고서이며, 기업의 외부관계자에게 전달하는 재무보고에서의 핵심적인 수단이다.

재무제표는 정보의 이용자인 주주, 투자자, 채권자, 정부 등의 경제적인 의사결정을 위해 유용한 정보가 되고, 재무제표에는 손익계산서, 이익잉여금처분계산서, 자본변동표, 현금흐름표 등이 있다. 또 재무제표는 분석하는 주체에 따라 그 목적이 상이할 수가 있다.

① 손익계산서 작성기준

기업회계기준을 준용해 작성한 표준손익계산서는 다음과 같은 기준을 준수해 작성해야 한다.

가. 표준손익계산서는 일반법인용인 표준대차대조표의 작성과 대상 법인으로서의 기업회계기준에 따라 계속사업·중단사업에서 발생하는 손익을 모두 포함하여 작성한다.

나. 손익계산서의 계정과목과 같은 계정과목이 없는 경우에는 유사한 계정과 목련에 기재한다.

다. Ⅳ.판매비와 관리비 및 Ⅵ.영업외수익, Ⅶ. 영업외비용 항목과 같이 계정과목 등이 없을 경우는 합계한 금액을 항목별로 분류해 Ⅳ.18. 기타판매비와 관리비 및 Ⅵ.19. 기타 영업외수익, Ⅶ.19 기타 영업외비용 란에 각각 기재하고, 항목이란 아래 칸의 가·나·다의 란에 큰 금액의 계정과목부터 순차적으로 계정과목들을 직접 입력하고, 관련 금액을 기재한다.

라. "Ⅱ.(2)2. 당기 총원가(명세 붙임)"는 부속명세서[별지 제3호 3서식(3)]의 당기 제품제조원가(1. 제조원가명세서의 Ⅸ.), 당기 공사원가(2. 공사원가명세서의 ⅩⅠ.), 임대원가 계(3. 임대원가명세서의 임대원가 계), 당기완성주택 등 공사비(분양원가명세서의 ⅩⅠ.), 당기 총운송원가(5. 운송원가명세서의 Ⅴ.), 당기 총원가(6. 기타원가명세서의 Ⅸ.)의 합계액과 일치해야 한다.

② 손익계산서의 작성기준

기업의 손익계산서는 다음과 같은 기준에 따라서 작성하며, 기본원칙에 어긋나지 않도록 해야 한다.

기본원칙	작성기준
발생주의	발생한 당기의 수익과 비용 등은 당기에 계산
실현주의	실현 시기를 기준으로 수익을 계산
주식, 비용대응	발생한 비용은 수익에 대응해서 모두 인식할 부분
총액 주의	수익과 비용의 발행금액을 임의로 생략 또는 상계해서 기재하는 것은 안 됨
구분표시	수익과 비용을 영업활동에 따라 구분해서 표시하는 원칙 준수

◆ [표 2-5] 손익계산서의 작성기준 ◆

③ 수익과 비용을 영업활동에 따라 구분해서 표시하는 원칙

손익계산서는 일정 기간 동안 기업의 경영성과를 나타내는 재무보고서이며, 다음과 같이 어느 정도의 한계가 있는 것을 고려하여 작성한다.

구분	문제점
측정 가능 이익	화폐로서 측정이 가능한 이익만을 측정 (우수한 인적자원, 경영자의 우수한 경영능력, m 기술력 등은 측정 불가함)
역사적인 원가의 실현주의	비실현된 가치증가분이 손익계산서에서는 제외되는 부분
비교불가	이익을 측정하는 과정 중 선택이 가능한 회계의 처리방법이 많아 기업 간의 비교 또는 기업 내 비교가 어려운 실정 · 감가상각 방법의 채택과 관련한 정액법과 정률법 · 재고자산의 원가 흐름 가정에 따른 선입선출법과 후입선출법 등

◆ [표 2-6] 손익계산서의 문제점 ◆

④ 손익계산서 유의사항

손익계산서는 이익의 원천을 잘 파악해 이익의 양보다는 질을 파악한다.

손익계산서 비교 시 동일한 업종의 대표회사와 경쟁회사의 손익계산서를 비교해봐야 한다. 경쟁기업과 업종평균을 비교하는 것은 회사의 성과를 평가해볼 수 있는 필수적인 절차이며, 적어도 3년 ~ 5년 정도 기간 동안 손익계산서를 파악해 본다.

구분	내용
영업손익 〈 영업외이익	이런 상태가 다년간 지속할 시 회사는 본업보단 재테크 방면에 더 큰 관심을 보이므로 갑작스러운 위험에 주의해야 함
영업손익, 당기순손익 〉0	정상적인 경영활동
영업손익 〉0, 당기순손익 〈 0	본업에서는 이익이 났지만, 과도한 부채 등으로 인해 발생한 이자 비용과 수출기업의 경우는 부실한 외환 관리로 인해 외화와 관련된 손실이 영업이익을 요구하는 경우이며, 향후 부실화될 가능성을 가짐
영업손익 〈 0, 당기순손익 〉0	영업의 활동에서 적자가 발생하였지만 고정자산의 처분이나 채권자가 채권을 아예 포기한 경우 등으로 당기 손 실익이 흑자가 되어버린 경우와 지속적인 수익 창출 능력 등을 의심할 필요가 있음

◆ [표 2-7] 손익계산서의 비교 ◆

종류	작성기준
자산	• 자산은 1년을 기준으로 비유동자산과 유동자산으로 분류하며, 정상적인 영업주기 내에서 판매가 되거나 사용이 되는 재고자산과 또 회수가 되는 매출채권 등은 손익계산서의 일로부터 1년 이내에 실현되지 않았더라도 유동자산으로 분류함. 이 경우엔 유동자산으로 분류한 금액 중에서 1년 이내에 실현되지 않을 금액들을 주석으로 기재함 • 투자자산에 속하거나 장기미수금 같은 매도가능증권이나 만기보유증권 등의 비유동자산 중에서 1년 이내로 실현되는 부분들은 유동자산으로 분류함
부채	• 부채는 1년을 기준으로 해 비유동부채와 유동부채로 분류, 정상적인 영업주기 내에서 소멸할 것으로 예상이 되는 매입채무나 미지급비용 등은 손익계산서의 일로부터 1년 이내에 결제되지 않았더라도 유동부채로 분류, 이 경우에 유동부채로 분류해놓은 금액 중에 1년 이내 결제되지 않을 금액들을 주석으로 기재함 • 단기차입금, 당좌차월과 유동성 장기차입금 등은 손익계산서의 일로부터 1년 이내에 결제되어야 하기 때문에 영업 주기와는 관계없이 유동부채로 분류함 • 비유동부채 중에 손익계산서의 일로부터 1년 이내에 자원의 유출 등이 예상되는 부분은 유동부채로 분류함

◆ [표 2-8] 손익계산서 유의사항 ◆

⑤ 재무제표 분석의 목적

완성이 된 재무제표는 활용의 주체에 따라서 각각 목적은 다르지만, 경영활동에 있어서는 중요한 정보로 작용하기 때문에 작성 시에 오류가 없도록 주의한다.

재무제표 사용자	제무제표 분석의 목적
주주	수익성이나 위험분석을 통한 투자정보로 활용함
금융기관	신용분석을 통한 자금차입자의 원리금 상환능력 등을 판단함
신용평가관	채권등급평가를 통해서 일반 투자자들에게 투자의 정보를 제공함
감사, 회계감사인	재무상태나 경영성과 분석을 통한 주주와 이해관계자들에게 재무상태 및 경영성과 등을 공시함
세무당국	담세능력 및 수익성을 분석하며 과세의 적정성, 탈세 여부 등을 판단함

◆ [표 2-9] 재무제표 분석의 목적 ◆

⑥ 재무제표의 특성

손익계산서를 작성할 때 재무제표 간의 관계, 그리고 특성을 파악하여 작성하는 목적에 부합하도록 한다.

구 분	특 징	분석내용
대차대조표	일정 시점에서의 재무상태를 나타낸 보고서, 어떤 기업이 어느 시점까지 자금을 얼마나 어디서 조달해 어떻게 투자하였는지를 보여줌	재무상태
손익계산서	일정 기간 동안 영업활동을 통해 얼마의 이익과 손실을 보았는지를 보여주는 경영성과에 관한 보고서, 일정 기간 동안 어떤 기업이 생산한 제품 또는 매입한 상품을 얼마나 판매하였는가, 그와 관련된 원가는 얼마인가, 판매 및 관리 활동을 위해서 지출된 비용은 얼마인가등을 보여줌	경영성적
이익잉여금 처분계산서	당기순이익(기업이 당기에 벌어들인)과 일정 시점까지 내부에 축적이 된 이익잉여금을 어떤 식으로 처분하였는지를 표기하는 보고서, 처분계산서에서는 기업이 배당금을 어떻게 결정하였는지와 또 미래의 사업계획을 위해서 어느 정도 만큼을 적립하였는지를 알 수 있으며, 결손금이 발생했을 경우는 결손금처리계산서 작성	이익 흐름
현금흐름표	일정 기간 동안 기업의 현금의 유입과 유출내용(현금흐름)을 표기하는 재무보고서, 기업의 현금자금 조달과 함께 그 운용명세에 대한 정보들을 제공	현금흐름
자본변동표	어느 시점에서 기업의 현재 실체 자본의 크기와 일정 기간 동안에 기업의 자본변동에 관련한 정보를 나타내는 재무제표	자본 현황

◆ [표 2- 10] 재무제표의 분석 목적 ◆

(7) 손익계산서 표본 및 작성요령

① 손익계산서 표본

20 년 월 일 부터 20 년 월 일 까지		표준손익계산서 (일반법인용)	법 인 명 사업자등록번호		
계 정 과 목	코드	금 액	계 정 과 목	코드	금 액
I.매출액	01		4.유가증권처분이익	41	
1.상품매출	02		5.유가증권평가이익	42	
2.제품매출	03		6.외환차익	43	
3.공사수입	04		7.외화환산이익	44	
4.운송수입	05		8.지분법이익	45	
5.부동산임대수입	06		9.장기투자증권손상차손환입	46	
6.분양수입	07		10.투자자산처분이익	47	
7.기타매출	08		11.유무형자산처분이익	48	
II.매출원가	09		12.사채상환이익	49	
(1)상품매출원가	10		13.법인세환급액	50	
1.기초재고액	11		14.충당금.준비금환입	51	
2.당기매입원가	12		15.전기오류수정이익	86	
3.기말재고액	13		16.자산수증이익	73	
4.타계정대체액	91		17.채무면제이익	74	
(2)제조,공사,임대,분양,운송, 기타원가	14		18.보험차익	75	
1.기초재고액	15		19.기타영업외수익	52	
2.당기총원가(명세 별첨)	16		가	211	
3.기말재고액	17		나.	212	
4. 타계정 대체액	18		다.	213	
III.매출총손익	19		라.기 타	214	
IV.판매비와관리비	20		**VII.영업외비용**	53	
1.급여	21		1.이자비용	54	
2.퇴직급여(충당금전입액포함)	22		2.기타 대손상각비	55	
3.보험료	83		3.유가증권처분손실	56	
4.복리후생비	23		4.유가증권평가손실	57	
5.여비교통비	84		5.재고자산감모손실	58	
6.임차료	24		6.외환차손	59	
7.접대비	25		7.외화환산손실	60	
8.감가상각비	26		8.지분법손실	61	
9.무형(이연)자산상각비	27		9.장기투자증권손상차손	62	
10.세금과공과	28		10.투자자산처분손실	63	
11.광고선전비	29		11.유무형자산처분손실	64	
12.차량유지비	85		12.기부금	65	
13.연구비	30		13.사채상환손실	66	
14.경상개발비	31		14.보상비(건설업)	67	
15.대손상각비(충당금전입액포함)	32		15.법인세추납액	68	
16.미분양주택관리비	33		16.준비금 등 전입액	69	
17.수주비	34		17.전기오류수정손실	87	
18.기타판매비와관리비	35		18.재해손실	78	
가.	201		19.기타영업외비용	70	
나.	202		가.	221	
다.	203		나.	222	
라.기 타	204		다.	223	
V.영업손익	36		라.기타	224	
VI.영업외수익	37				
1.이자수익	38		**VIII.법인세비용차감전손익**	80	
2.배당금수익	39		**IX.법인세비용**	81	
3.임대료	40		**X.당기순손익**	82	

출처: 예스폼, 표준손익계산서

② 손익계산서 작성요령

가. 매출액(sales)

매출액은 기업의 주된 영업활동에서 발생한 제품, 상품, 용역 등의 총매출액에서 매출할인, 매출환입, 매출에누리 등을 차감한 금액이다. 매출액은 업종별이나 부문별로 구분하여 표시할 수 있으며 반제품매출액, 부산물매출액, 작업 폐물 매출액, 수출액, 장기할부매출액 등이 중요한 경우에는 이를 구분하여 표시하거나 주석으로 기재한다. 주요 영업활동이 아닌 것으로부터 얻는 수익은 영업외수익으로 비경상적 활동으로부터 얻은 이익은 특별이익으로 계산된다.

구 분	내용
상품매출	외부에서 상품을 매입해서 되파는 것
제품매출	공장에서 제품을 제조하여 판매하는 경우
용역매출	서비스 등을 제공하고 받은 매출액
국내 매출	우리나라 안에서 매출이 이루어지는 것
수출 매출	해외로부터 매출이 이루어지는 것

◆ [표 2-11] 매출액의 구분 ◆

나. 매출원가(cost of sales)

매출원가는 매출액 중에서 상품의 매입이나 제품의 제조에 들어가 비용을 말한다. 즉, 제품이나 상품 등의 매출액에 대응되는 원가로써 판매된 제품이나 상품 등에 대한 제조원가 또는 매입원가이다. 매출원가의 산출과정은 손익계산서 본문에 표시하거나 주석으로 기재한다. 매출원가는 기초제품(또는 상품) 재고액에 당기 제품제조원가(또는 당기상품매입액)를 가산하고 기말제품(또는 상품) 재고액을 차감하여 계산한다. 제품이나 상품에 대하여 생산, 판매 또는 매입 외의 사유로 증감액이 있는 경우에는 이를 매출원가의 계산에 반영한다.

다. 매출총손익(gross profit and loss)

매출총손익이란 기업의 영업활동 결과에 따라 얻은 매출액에서 매출원가를 차감한 금액을 말한다. 매출액이 매출원가보다 큰 경우는 매출총이익이, 작은 경우에는 매출 총손실이 나타난다. 매출총손익은 기업의 영업손익의 원천이 된다. 매출총손익은 과도한 할인판매 등으로 마이너스가 되는 예도 있다.

라. 판매비와 관리비(selling and administrative expenses)

제품이나 상품 및 용역 등의 판매 활동 또는 회사의 관리와 유지에서 발생하는 비용으로 급여, 복리

후생비, 감가상각비, 임차료, 접대비, 감가상각비, 광고 선전비 등 매출원가에 속하지 않는 모든 영업 비용을 포함한다. 판매비와 관리비는 당해 비용을 표시하는 적절한 항목으로 구분하여 표시하거나 일괄표시할 수 있다. 일괄표시하는 경우에는 적절한 항목으로 구분하여 이를 주석으로 기재한다.

마. 영업손익(operating gain and loss)

영업손익은 매출총손익에서 판매비와 관리비를 차감하여 산출한다. 영업손익이 흑자이면 영업이익이 되고 적자이면 영업 손실이 된다. 영업손익은 기업경영의 건전성을 평가하는 중요한 척도가 된다.

바. 영업외수익(non-operating income)

기업의 주요 영업활동은 아니지만, 이를 지원하는 재무활동 등 다른 활동으로부터 발생하는 수익과 차익으로써 중단사업 손익에 해당하지 않는 것으로 한다.

영업 외 수익으로는 이자 수입, 임대료 수입, 배당금 수입 등이 있다.

영업 외 수익의 종류	재고자산의 내용
이자수익	자금을 대여해 주고받은 대여금에 대한 이자, 은행예금에 대한 이자, 투자한 채권에서 발생하는 이자
배당금 수익	소유주식, 출자금 등의 단기투자자산 및 장기투자자산에 관하여 이익이나 잉여금의 분배로 받는 배당금
임대료	임대차계약 때문에 임대물사용의 대가로 받은 수익
유가증권 처분이익	CD, CP 등의 단기증서나 주식 등 시장성 지분증권, 사채나 어음 등의 채무증권 등 1년 이내에 현금화할 의도가 있는 유가증권을 취득금액보다 높은 가격으로 처분할 때 발생하는 이익. 처분가액에서 부대비용을 차감한 금액과 취득금액을 비교하여 계산함
유가증권 평가이익	유가증권을 취득하여 보유하고 있는 경우 결산일 등 일정 시점에서 보유 유가증권을 평가일의 시장가치로 평가할 때 취득금액과 평가 시점에서의 가액과의 차액. 평가액이 취득금액보다 적을 때에는 평가손실이 발생하며 평가액이 취득금액보다 많을 때는 평가이익이 발생함
외환차익	취득한 환율과 회수한 환율의 차이로 인해 발생하며, 결산일 현재 보유 중인 외화자산, 부채의 경우 결산 일자의 환율로 평가하여 차익이 발생하였을 경우 외화환상이익으로 처리함
지분법평가이익	자회사를 비롯하여 다른 회사에 투자한 지분이 있으면 피투자회사의 손익 가운데 보유 지분만큼을 자사의 이익으로 반영한 것
유형자산 처분이익	토지, 건물, 기계장치 등 유형자산의 처분에 따라 발생한 이익으로 자산을 처분함으로써 회수한 가격이 실제 장부가격보다 높을 때 발생

◆ [표 2-12] 영업 외 수익 ◆

사. 영업 외 비용(non-operating expense)

기업의 주요 영업활동은 아니지만, 이를 지원하는 재무활동 등 다른 활동으로부터 발생하는 비용과 차손으로서 중단사업 손익에 해당하지 않는 것으로 한다. 영업 외 비용으로는 이자 비용, 기부금 등이 있다.

아. 법인세비용차감전계속사업손익(continuing income and loss before income taxes)

세금을 내기 전의 이익을 말한다. 법인세비용차감전계속사업손익은 영업손익에 영업외수익을 가산하고 영업외비용을 차감하여 산출한다.

법인세비용차감전계속사업손익 = 영업손익 + 영업외수익

자. 계속사업 손익법인세비용

계속사업 손익법인세비용은 계속사업 손익에 대응하여 발생한 법인세비용이다. 회사가 얻은 이익에 대하여 국가에 내야 할 세금으로 영업활동으로 얻은 소득에 부과된다. 계속사업 손익법인세비용은 영업활동이 보고되는 기간의 비용으로 인식한다.

차. 계속사업 손익

계속사업 손익은 법인세비용차감전계속사업손익에서 계속사업 손익법인세비용을 차감하여 산출한다.

계속사업 손익 = 법인세비용차감전계속사업손익 − 계속사업 손익법인세비용

카. 중단사업 손익

중단사업 손익은 중단사업으로부터 발생한 영업손익과 영업외손익으로서 사업중단직접비용과 중단사업자산손상차 손을 포함하며, 법인세효과를 차감한 후의 순익으로 보고하고 중단사업 손익의 산출명세를 주석으로 기재한다. 이때 중단사업 손익에 대한 법인세효과는 손익계산서의 중단사업 손익 다음에 괄호를 이용하여 표시한다.

타. 당기 순손익(net income & loss for the year)

당기인 1년 동안 기업의 순이익으로써 당기 순손익은 기업의 계속적인 사업 손익에서 중단사업으로 인한 손익을 가감하여 산출하며, 당기순손익에 기타포괄 손익을 가감하여 산출한 포괄 손익의 내용을 주석으로 기재한다. 이 경우 기타포괄 손익의 각 항목은 관련된 법인세효과가 있다면 그 금액을 차감한 후의 금액으로 표시하고 법인세효과에 관한 내용을 별도로 기재하도록 한다. 기업의 당기 순손익의 항목을 통해 기업의 손익이 흑자 혹은 적자인지 파악할 수 있다.

(8) 손익계산서 작성

① 손익계산서는 어떻게 분석하는 법

구 분	분석방법
자산의 분석	자산은 비유동자산과 유동자산으로 분류되는데 그 분류의 기준은 1년이다. 1년 안에 자산의 현금 가능성 혹은 비용으로 되는 것들은 유동자산으로써 현금화 혹은 비용화가 되며, 1년 이상이 소요되는 것들은 비유동자산이 된다. 손익계산서의 작성은 유동성배열법에 준하여 작성한다. 유동성배열법이란 자산의 유동성이 높은 순서로써 빠르게 현금으로 전환할 수 있는 자산의 순서대로 계정과목들을 나열하는 것을 의미한다.
부채의 분석	기업의 부채는 1년 기준으로 유동부채와 고정부채로 분류된다. 유동부채는 기업이 1년 내에 상대방에게 그 대가를 지급할 의무가 있는 부채를 말하며, 고정부채는 기업이 1년 이상의 기간에 그 대가를 지급할 의무가 있는 부채를 말한다. 부채의 나열에서도 유동성배열법에 따라 배열이 된다.
자본의 분석	자본은 발생 원천에 근거하여 자본금과 자본잉여금 또는 이익잉여금으로 분류된다. 자본금은 주식의 액면가이며, 자본잉여금은 자본의 증감을 일으킬 수 있는 거래로 발생한 잉여금을 말한다. 반면 이익잉여금은 기업의 영업활동의 결과를 종합할 때 기업의 순 자산이 증가한 경우로는 기업의 순 자산의 증가액을 의미한다.

◆ [표 2-13] 손익계산서 분석방법 ◆

② 손익계산서를 통하여 우량기업 여부

가. 손익계산서에서 부채비율=부채총계/자본총계로 계산한 수치로이며, 일반적으로 우량기업이란 부채비율이 낮고 유보율이 높은 기업을 의미한다. 기업의 부채비율이 낮다는 것은 기업의 외부 차입금이 적다는 것을 의미한다. 하지만 우량기업이라도 현금흐름이 차단되어 흑자도산(이익이 있지만 도산하는 것)도 발생된다. 따라서 전년도 현금흐름표와 당해 연도의 현금흐름표을 면밀하게 분석해봐야 한다.

나. 기업의 부채비율을 대신할 수 있는 지표로 경제적 부가가치(EVA)가 사용된다. 경제적 부가가치를 계산하는 방법 중, 자기 자본이익률(당기순이익/자기자본)-시중금리를 계산한 숫자를 이용한다. 경제적 부가가치가 양수(+)를 나타나야 우량기업이라 할 수 있다. 하지만 아무리 지표들이 양수(+) 나타났을 지라도 회계를 조작은 문제가 된다.

다. 일반적인 지표 외에도 기업의 재고자산이 빠르게 증가하였거나 불필요한 가공자산이 증가하였거나 혹은 계열사와 거래가 증가하거나 기업의 부채가 증가하면서 예금이 많은 경우 등을 다각도로 분석해 본다면 신뢰성 있는 정보를 얻을 수 있다.

③ 손익계산서와 손익계산서의 차이점

손익계산서(balance sheet)란 일정한 시점에서 기업의 재무 상태를 나타내는 회계보고서로써, 기업이 어느 시점까지 자금들을 얼마나 어디서 조달하여 어떻게 투자하였는가를 나타낸다. 반면에 손익계산서(income statement)는 기업의 경영성과를 분석하기 위해서 일정 기간 안에 발생한 기업의 모든 수익과 비용을 대비시키면서 당해 기간의 기업의 순이익을 계산하고 확정하는 보고서이다. 손익계산서와 손익계산서를 이용하여 다음과 같은 정보를 얻을 수 있다.

구 분	얻을 수 있는 정보
손익계산서	① 수익률을 계산할 수 있는 기초 제공 ② 기업의 재무구조를 파악할 수 있음 ③ 유동성과 재무적 융통성을 파악하는 데 요구되는 정보를 제공 ④ 점점 더 사내에 유보된 이익을 보여줌
손익계산서	① 회계 기간의 기업의 경영성과 ② 기업의 효율적인 비용 관리 여부 ③ 기업의 영업활동과 재무활동으로 인한 성과 ④ 기업의 계속된 성장 여부 ⑤ 기업의 배당 가능한 이익의 규모 ⑥ 기업의 향후의 수익과 현금흐름 창출 능력

◆ [표 2-14] 손익계산서와 손익계산서의 차이점 ◆

④ 자본금 규모를 늘리기 위한 증자

증자는 기업이 일정액의 자본금을 늘리는 것을 의미하며, 기업의 자본금을 확충하기 위해서 일반적으로 증자(增資)가 있다. 증자의 유형에는 신주발행을 통해 실질적인 자산이 증가되는 유상증자와 실질적인 자산의 증가 없이 주식자본만 늘어나는 무상증자가 있다. 기타 주식배당, 전환사채 전환 등이 있다.

증자방식	증자방법
유상증자	유상증자는 기업이 발행한 새로운 주를 기존 주주나 제 3자가 매입하는 것으로, 이때 유입된 자금은 이자를 지급하지 않아도 되는 자산이기 때문에 기업으로서는 재무구조 개선 효과가 있다. 3가지의 유상증자 형태는 다음과 같다. ① 기존 주주에게 새로운 주 인수권을 양도하여, 새로운 주주를 모집하는 주주 배정방법 ② 회사의 임원 · 종업원 · 거래처 등과 같이 연고 관계가 있는 사람에게 새로운 주인수권을 양도하여 새로운 주를 인수시키는 제3자 할당방법 ③ 일반적인 방법으로 주주를 모집하는 것
무상증자	무상증자는 사업의 확장 등을 목적으로 기업의 자본금을 증가 시키는 것으로 이익준비금, 자본잉여금 사내 유보금을 기본으로 새로운 주를 발행하고 구(九)주주에게 무상으로 배정하는 것을 의미한다. 무상증자는 별도의 현금 유입이 없이 자본잉여금, 이익잉여금에서 자본금으로 계정의 증감만 발생하게 된다.

◆ [표 2-15] 증자방식과 증자방법 ◆

3) 이익잉여금처분계산서

이익잉여금을 어떻게 처분했는지 명세를 보여주는 서류이며 결손금처리계산서라고 불리고 있다. 손익거래에서 발생한 이익자금을 이익잉여금이라고 하며 배당금으로 나누거나 자본으로 대체하지 않은 자금을 말한다. 잉여금 대신 손실이 발생하면 이익잉여금처분계산서에 작성한다.

이익잉여금 처분계산서

제 x 기	20년 월 일부터 20년 월 일까지	제 x 기	20년 월 일부터 20년 월 일까지
처리예정일	20 XX 년 X 월 X 일	처리확정일	20 XX 년 X 월 X 일

㈜ OO 회사 (단위 : 원)

구 분	당 기		전 기	
미처분이익잉여금		1,000,000		1,000,000
전기이월 미처분이익잉여금	1,000,000		1,000,000	
(또는 전기이월 미처리결손금)				
중간배당액	1,000,000		1,000,000	
당기순이익(또는 당기순손실)	1,000,000		1,000,000	

임의적립금 등의 이입액				
***적립금		1,000,000		1,000,000
***적립금	1,000,000		1,000,000	
	1,000,000		1,000,000	
합 계		1,000,000		1,000,000
이익잉여금처분액	1,000,000		1,000,000	
이익준비금	1,000,000		1,000,000	
기타법정적립금	1,000,000		1,000,000	
주식할인발행차금 상각액	1,000,000		1,000,000	
배당금	1,000,000		1,000,000	
현금배당	1,000,000		1,000,000	
주식배당	1,000,000		1,000,000	
...	1,000,000		1,000,000	
차기이월미처분이익잉여금		1,000,000		1,000,000

◆ [표 2-16] 이익잉여금처분계산서 ◆

① 이익잉여금 처분계산서는 회계 기준상 재무제표에는 해당하지 않지만, 주주에 대한 이익분배 등의 내용을 담고 있으므로 주주에게는 매우 중요한 재무보고서류이다. 따라서 상법에서는 이를 주주총회에서 주주로부터 승인받아야 할 재무제표로 규정하고 있다. 이런 이유로 인해 작성된 이익잉여금처분계산서는 재무제표의 주석에 포함하여 공시한다.

② 회사를 경영한 결과 이익이 발생하면 그 이익을 어떻게 사용할 것인지를 결정해야 한다. 이익은 여러 가지 용도로 사용될 수 있겠지만 가장 대표적인 것이 주주에 대한 배당이다. 회사는 주주로부터 회사 운영에 필요한 자금을 받았기 때문에 이에 대해 보상을 해야 한다.

③ 채권자로부터 빌린 돈에 대해서는 경영성과와 관계없이 미리 약속한 이자를 주어야 하지만 주주에게는 경영성과가 좋아서 이익이 발생한 경우에만 배당금 지급을 통해 자금사용의 대가를 지급한다. 배당금 지급 이외에도 회사의 장래를 위해서 이익 일부를 내부에 적립할 수도 있다. 이와 같은 기업이익의 처분내용이 담긴 재무제표가 이익잉여금 처분계산서이다.

④ 매년에 발생한 이익이 그때마다 전액 배당금 지급으로 빠져나가는 것은 아니므로 처분되고 남은 이익은 회사 내부에 계속 쌓이게 되는데, 이를 이익잉여금이라고 한다. 회사가 과거에 벌어놓은 이익 중 처분하지 않고 남은 금액에 당기에 새로 벌어들인 이익을 더한 것이 미처분 이익 잉여금이다. 그중 일부 금액이 여러 가지 용도로 처분되고 남은 잔액을 차기 이월 미처분 이익 잉여금이라고 하며, 이는 다음 회계연도로 이월된다.

4) 현금흐름표

(1) 현금흐름표의 개요

① 현금흐름표의 정의

가. 현금흐름표(statement of cash flow): 일정기간 동안 기업의 현금흐름을 나타내는 재무제표이다.

나. 즉 현금의 변동내용을 명확하게 보고하기 위하여 당해 회계 기간에 속하는 현금의 유입과 유출내용을 적정하게 표시한 표이다.

다. 현금(cash)이란 순수 현금(보통예금, 당좌예금, 현금)과 현금으로 간주하는 현금 등가물(3개월 이내 정기예금), 단기 어음 등이 해당된다. 흐름(flow)은 돈의 출입과 증감을 말한다.

라. 현금흐름표는 대차대조표, 손익계산서, 자본변동표, 이익잉여금처분계산서와 함께 주요 재무제표의 하나로써, 대차대조표, 손익계산서 등에서 파악하기 힘든 정보들을 보완하기 위해서 사용한다. 현금흐름표는 일정 기간 동안 현금흐름을 나타내는 보고서로써 유량(flow)이 있는 동적 재무제표이다.

② 현금흐름표의 구성

구 분	내 용
현 금	보유 현금과 요구불 예금
현금성 자산	유동성이 매우 높은 단기 투자자산으로서 확정된 금액의 현금으로 전환이 쉽고 가치변동의 위험이 가벼운 자산
현금흐름	현금성 자산과 현금의 유입과 유출
영업활동	기업의 주요한 수익을 창출하는 활동, 기업의 투자 활동, 기업의 재무활동이 아닌 기타 활동
투자 활동	현금성 자산과 장기성 자산에 속하지 않는 기타 투자자산의 취득과 처분
재무활동	기업의 난입자본과 구성내용 변동과 차입금의 크기 변동을 가져오는 활동

◆ [표 2-17] 현금흐름표의 구성 ◆

(2) 현금흐름표의 기능

① 다른 재무제표와 동시에 이용되는 경우 순 자산의 변화, 재무구조, 변화하는 상황과 기회에 적응하기 위한 현금흐름의 금액과 시기를 조절하는 능력을 평가하는 데 유용한 정보들을 제공한다.

② 현금흐름 정보는 현금성 자산 창출과 현금을 창출 능력을 평가하는 데 유용하며, 다른 기업들의 미래현금흐름의 현재가치를 비교하여 분석하고 평가하는 모형을 개발하는데 이용될 수 있다.

③ 현금흐름 정보는 같은 거래와 사건에 관하여 다른 회계 처리를 적용함으로 발생되는 영향들을 제거하기 때문에 기업의 영업 성과들에 대한 기업들 간의 비교 가능성을 높인다.

④ 역사적 현금흐름 정보는 미래현금흐름의 금액, 시기 및 확실성에 대한 지표로 이용된다. 과거에 추정했었던 미래현금흐름의 정확성을 검증하고, 순 현금흐름과 수익성간의 관계와 물가 변동의 영향을 분석하는 데 이용된다.

(3) 현금흐름표 작성의 목적

① 기업의 현금흐름 정보는 재무제표 이용자들에게 현금성 자산의 창출 능력 및 현금과 현금흐름의 사용 용도를 평가하는 데 필요한 기초를 제공한다. 재무제표 이용자는 경제적 의사결정을 위해서 현금성 자산의 창출 능력과 현금근, 현금흐름의 시기와 확실성을 평가해야 한다.

② 현금흐름표를 이용하여 현금 및 현금성 자산의 변동에 관한 정보를 얻을 수 있다.

(4) 현금흐름의 종류

기업은 사업 특성을 기반으로 가장 적합한 방법으로 영업활동과 투자 활동, 재무활동에서 발생하는 현금흐름을 표시한다. 활동에 따른 분류는 기업의 재무상태, 현금 과 현금성 자산의 금액에 미치는 영향을 재무제표 이용자가 평가할 수 있도록 정보를 제공한다.

이러한 정보는 각 기업의 활동 간의 관계를 평가하는 데 이용될 수 있다. 한 거래에는 기업의 서로 다른 활동으로 분류되는 현금흐름이 포함될 수 있다.

① 영업활동 현금흐름

가. 기업의 영업활동에서 발생하는 현금흐름의 금액은 기업이 외부 재무자원에 의지하지 않고 기업의 영업활동을 통하여 영업능력의 유지, 배당금 지급 등에 필요한 현금흐름을 창출할 때 중요한 지표가 된다.

나. 다른 정보와 함께 역사적 영업 현금흐름의 특정 구성요소에 대한 정보를 이용하면 기업의 미래 영업 현금흐름을 예측하는 데 유용하다.

다. 영업활동 현금흐름은 대부분 기업의 주요한 수익 창출 활동에서 창출된다. 따라서 기업의 영업 활동 현금흐름은 당기순손익의 결정에 영향을 미치는 거래이거나 그 밖의 사건들의 결과로 발생한다.

• 영업활동 현금흐름의 예
 – 용역제공 및 재화의 판매 따른 현금 유입
 – 기타수익, 사용료, 중개료, 수수료에 따른 현금 유입
 – 용역과 재화의 구매에 의한 현금유출
 – 종업원과 관련되어 직·간접으로 발생하는 현금유출
 – 보험회사의 경우 수입보험료, 보험금, 연금 및 기타 내준 돈과 관련된 현금 유입과 현금유출
 – 법인세의 납부 또는 환급(다만 재무활동과 투자 활동에 명백히 관련되는 것은 제외).
 – 단기매매목적의 계약에 의한 현금 유입과 현금유출

② 투자 활동 현금흐름

기업의 미래수익과 미래현금흐름을 창출할 자원들을 확보하기 위하여 지출된 정도를 나타는 것으로써 현금흐름을 별도로 구분하여 공시하는 것이 중요하다.

• 투자 활동 현금흐름의 예
 – 무형자산과 유형자산 및 기타 장기성 자산의 취득에 따른 현금유출. 이 경우 현금유출로써 자가건설 유형자산에 관련된 지출과 자본화된 개발원가가 포함된다.
 – 무형자산, 기타 장기성 자산의 처분, 유형자산에 따른 현금 유입
 – 타 기업의 지분상품 혹은 채무상품과 조인트벤처 투자지분의 취득(혹은 처분)에 의한 현금유출(현금성 자산으로 인정되는 상품, 단기매매목적으로 보유하는 상품의 취득(혹은 처분)에 의한 유출액(유입액)은 제외)
 – 제3자에 대한 선급금과 대여금(금융회사의 현금 선지급, 대출채권은 제외)
 – 제3자에 대한 선급금과 대여금의 회수에 의한 현금 유입(금융회사의 현금 선지급과 대출채권은 제외)
 – 선물계약, 선도계약, 옵션계약 및 교환계약에 의한 현금유출. 단기매매목적으로 계약 보유와 현금유출이 재무활동으로 분류되는 경우에는 제외한다.
 – 선도계약, 선물계약, 교환계약, 옵션계약에 따른 현금 유입. 단기매매목적으로 계약 보유 혹은 현금 유입이 재무활동으로 분류되는 경우는 제외한다.

③ 재무활동 현금흐름

재무활동 현금흐름은 미래현금흐름에 대하여 자본을 제공한 자의 청구권을 예측하는 데 유용함으로 현금흐름을 별도로 구분 공시하는 것이 중요하다.

• 재무활동 현금흐름의 예
  - 기타 지분상품이나 주식발행에 따른 현금 유입
  - 주식의 취득과 상환에 의한 유주에 대한 현금유출
  - 어음의 발행과 담보·무담보부 사채, 기타 장·단기차입에 따른 현금 유입
  - 차입금의 상환에 의한 현금유출
  - 리스 이용자의 금융리스 부채상환에 의한 현금유출

(5) 현금흐름표의 작성원칙

회사는 기업회계 기준서를 준수하여 현금흐름표를 작성해야 하고, 재무제표를 보고하는 회계 기간 동안 재무제표 일부로서 보고해야 한다.

① 현금흐름표의 표시

현금흐름표는 영업활동으로 인한 현금흐름, 투자 활동으로 인한 현금흐름, 재무활동으로 인한 현금흐름으로 구분하여 표시하고, 이에 기초의 현금을 가산하여 기말의 현금을 산출하는 형식으로 표시한다.

구분	내용
영업활동	기업의 주요한 수익을 창출하는 활동들, 기업의 투자 활동, 기업의 재무활동이 아닌 기타의 활동을 의미한다. 영업활동은 대부분 상품의 생산 활동, 판매 활동, 상품과 용역의 구매, 판매 활동, 기업의 관리 활동을 포함한다.
투자 활동	현금성 자산과 장기성 자산에 포함되지 않는 기타 투자자산의 취득 및 처분을 의미한다. 기업의 투자 활동은 유형자산, 무형자산, 타 기업의 지분 및 채무상품 등의 취득 및 처분 활동과 제 3자에 대한 대여 활동과 회수 활동 등을 포함한다.
재무활동	회사의 차입금의 크기와 구성내용 및 납입자본에 변동을 가져오는 활동을 의미한다. 기업의 재무활동은 자본과 차입금의 조달 활동, 환급 및 상환에 관련된 활동들을 포함한다.

◆ [표 2-18] 현금흐름표 구분과 설명 ◆

② 영업활동 현금흐름의 보고

영업활동 현금흐름은 총 현금 유출과 총 현금유입을 주요 항목별로 구분하여 표시하는 방법(직접법)과 당기순손익에 당기순손익 조정항목을 가감하여 표시하는 방법(간접법)중에 하나의 방법으로 보고한다.

③ 투자 활동 현금흐름과 재무활동 현금흐름의 보고

기업 투자 활동 현금흐름과 기업 재무활동 현금흐름은 총 현금 유출과 총 현금유입을 주요 항목별로 구분하여 총액으로 표시하도록 한다.

④ 외화 현금흐름

외화거래에서의 현금흐름은 외화 사이의 환율을 외화 금액에 적용하여 환산한 기능통화 금액과 현금흐름 발생일의 기능통화로 기록한다.

⑤ 이자와 배당금

배당금과 이자의 수취와 지급에 따른 현금흐름은 각각 별도로 공시한다.

⑥ 법인세

기업의 법인세에 따른 현금흐름은 별도로 공시하며, 기업의 투자활동과 재무활동에 정확하게 연관되지 않는 한 영업활동 현금흐름으로 분류한다.

법인세는 현금흐름표에서 기업의 영업활동, 기업의 투자 활동, 기업의 재무활동으로 분류되는 현금흐름을 유발하는 거래에서 발생한다. 법인세 비용이 기업의 재무 활동이나 투자 활동으로 손쉽게 식별할 수 있는 경우에도 관련된 법인세 현금흐름은 실제로 구분할 수 없는 경우가 많다. 따라서 법인세의 지급은 대체적으로 기업의 영업활동 현금흐름으로 분류한다. 그러나 기업의 재무 활동이나 투자 활동으로 분류한 현금흐름을 유발하는 개별 거래와 관련된 법인세 현금흐름을 실제적으로 구분할 수 있다면, 그 법인세 현금흐름은 기업의 재무 활동이나 투자 활동으로 분류한다. 둘 이상의 활동으로 법인세 현금흐름이 배분되는 경우에는 법인세의 총지급액을 공시한다.

⑦ 종속기업과 기타 사업에 대한 소유지분의 변동

종속기업과 기타 사업에 의한 지배력의 획득 혹은 상실에 의한 총 현금흐름은 별도로 표시하며, 기업의 투자 활동으로 분류한다.

⑧ 비현금 거래

현금과 현금성 자산의 이용을 수반하지 않는 기업의 재무 활동과 투자 활동 거래는 현금흐름표에서 제외한다. 이러한 거래는 기업의 재무 활동과 투자 활동에 대하여 목적에 적합한 정보들를 제공하기 위하여 재무제표의 다른 부분에 공시한다.

⑨ 현금 및 현금성 자산의 구성요소

현금과 현금성 자산들의 구성요소들을 공시하고, 재무상태표와 현금흐름표상의 금액에 보고된 해당 항목의 조정 내용들을 공시한다.

⑩ 기타 공시

기업이 보유한 현금성 자산과 현금 중에서 중요한 금액을 연결 실체가 사용할 수 없는 경우에는 경영진들의 설명과 함께 그 해당 금액을 공시한다.

(6) 현금흐름표 작성 시 주의사항

- 현금흐름표는 기업회계 기준서에 의하여 표시 기준과 재무제표의 작성기준에 따라 작성한다. 현금흐름표는 기업의 일정 기간 동안 현금흐름을 나타내는 재무제표로써, 현금의 변동내용을 정확하게 보고하는 것이 중요하기 때문에 당해 회계 기간에 속하는 현금의 유출과 유입 내용들을 신뢰성 있게 작성해야 한다.

- 재무제표는 정보 이용자(투자자, 채권자, 주주, 정부) 등의 경제적 의사결정을 위하여 유용한 정보가 된다. 재무제표가 있어야 하는 주체에 따라서 그 목적이 다르기 때문에 기업회계 기준서에서 규정한 원칙들에 준하여 신뢰성 있게 작성해야 한다.

① 현금의 유입 · 유출

가. 현금흐름표의 중요성이 증가했기 때문에 기업에서도 현금흐름표 작성이 증가하고 있는 추세이다.

나. 업의 현금흐름을 나타내는 재무제표인 현금흐름표는 현금의 변동내용을 명확하게 보고하기 위하여 당해 회계 기간에 속하는 현금의 유입과 유출내용을 정확하게 표시해야 한다.

② 현금흐름의 구분표시

현금흐름표는 영업활동으로 인한 현금흐름, 투자 활동으로 인한 현금흐름, 재무활동으로 인한 현금흐름으로 구분하여 표시하고, 이에 기초의 현금을 가산하여 기말의 현금을 산출하는 형식으로 표시한다. 현금의 유입과 유출내용에 대하여는 그 중 증가 또는 그 중 감소를 상계하지 말고, 각각 총액으로 기재한다. 다만, 거래가 빈번하여 총금액이 크고 단기간에 만기가 도래하는 현금의 유입과 유출항목은 순증 감액으로 기재할 수 있다.

③ 재무제표 분석의 목적

활용 주체에 따라서 완성된 재무제표의 목적은 다르지만, 기업의 경영활동 시에 중요한 정보로 이용되므로 재무제표 작성 시 오류가 없어야 한다.

재무제표 사용자	분석의 목적
주주	위험분석 및 수익성을 통해 투자정보로 활용
금융기관	기업의 신용분석을 통해서 자금 차입자의 원리금 상환능력을 판단함
신용평가기관	채권등급평가를 통하여 투자 정보를 일반 투자자에게 제공함
감사, 회계감사인	경영성과와 재무상태 분석을 통하여 주주와 관계자에게 기업의 경영성과와 재무상태를 공시함.
세무당국	담세능력과 수익성을 분석함으로써 과세 적정성과 탈세 여부를 판단함.

◆ [표 2-19] 재무제표 사용자와 목적 ◆

④ 재무제표의 특성

현금흐름표를 작성할 때 재무제표 간의 관계와 특성을 분석하여 작성하는 목적에 부합하도록 해야 한다.

구 분	특 징	분석내용
대차대조표	대차대조표는 일정 시점의 기업 재무상태를 나타내는 보고서로써 기업이 그 시점까지 자금을 얼마나 어디서 조달하여 어떻게 투자하였는가를 보여줌.	재무상태
현금흐름표	일정 기간 동안 기업의 영업활동을 통하여 이익과 손실을 보여주는 경영성과에 대한 보고서. 일정 기간 동안 기업이 매입한 상품이나 생산한 상품을 얼마나 판매하였고, 원가는 얼마이고, 상품의 판매와 관리 활동을 위하여 지출한 비용은 얼마인가를 보여줌.	경영성적
이익잉여금 처분계산서	기업의 당기순이익과 이익잉여금을 어떻게 처분하였는가를 표시하는 보고서. 이 보고서에서는 기업이 배당금을 어떻게 결정하였는가에 대한 정보 뿐만 아니라 기업의 미래 사업계획을 위하여 얼마나 적립하였는가를 알 수 있음. 이때 결손금이 발생했을 때에는 결손금처리계산서를 작성.	이익 흐름
현금흐름표	현금흐름표는 일정 기간 동안 기업의 현금흐름을 표시하는 재무보고서로 기업의 현금자금 조달과 그 운용명세에 대한 정보를 제공함.	현금흐름
자본변동표	일정 시점에서 기업의 현재 실체 자본의 크기와 일정 기간 동안 기업의 자본변동에 대한 정보를 나타내는 재무제표.	자본 현황

◆ [표 2-20] 재무제표 구분과 특징 및 분석내용 ◆

(7) 현금흐름표 예시 및 작성요령

현금흐름표

제 (당)기 년 월 일부터 년 월 일까지
제 (당)기 년 월 일부터 년 월 일까지

(단위: 원)

과 목	제 (당)기		제 (당)기	
	금액		금액	
Ⅰ. 영업활동으로 인한 현금 흐름				
(1) 당기순이익(순솔실)				
(2) 현금의 유출 없는 비용 등의 가산				
1. 감가상각비				
2. 퇴직급여				
(3) 현금의 유입 없는 수익 등의 차감				
1. 채무면제이익				
2. 매출채권의 감소(증가)				
Ⅱ. 투자 활동으로 인한 현금 흐름				
(1) 투자 활동으로 인한 현금 유입액				
1. 단기금융상품의 처분				
2. 토지의 처분				
(2) 투자 활동으로 인한 현금유출액				
1. 현금의 단기대여				
2. 토지의 취득				
Ⅲ. 재무활동으로 인한 현금 흐름				
(1) 재무활동으로 인한 현금 유입액				
1. 단기 자차입금의 차입				
(2) 재무활동으로 인한 현금 유출액				
1. 단기차입금의 상환				
Ⅳ. 현금의 증가(감소)(Ⅰ+Ⅱ+Ⅲ)				
Ⅴ. 기초의 현금				
Ⅵ. 기말의 현금				

◆ [표 2-21] 현금흐름표 예시 ◆

① 영업활동으로 인한 현금 흐름

가. 영업활동으로 인한 현금

- 기업의 영업활동이란 대체적으로 제품 생산, 상품과 용역의 구매 및 판매 활동을 의미하며, 제84조의 재무 활동과 투자 활동에 속하지 아니하는 거래를 모두 포함한다. 기업의 영업활동에 의한 현금의 유입에는 상품 등의 판매에 의한 현금 유입(매출채권의 회수 포함), 이자수익과 배당금 수익, 기타 투자 활동과 재무활동에 속하지 아니하는 거래에서 발생한 현금 유입이 포함된다.

- 기업의 영업활동으로 인한 현금의 유출로 원재료 및 제품 등의 구매에 의한 현금유출(매입채무의 결제 포함), 종업원과 기타 상품과 용역의 공급자에 대한 현금지출, 미지급 법인세(유형자산의 처분에 따른 특별부가세 제외)의 지급, 이자 비용, 기타 투자 활동과 재무활동에 속하지 아니하는 거래에서 발생한 현금유출이 포함된다.

나. 영업활동으로 인한 현금흐름의 표시방법

구 분	내 용
직접법	직접법은 기업의 영업활동에 의한 현금흐름을 직접적인 유입과 유출로 구분하여 산출하는 방법이다. 현금을 수반하여 발생한 수익 또는 비용 항목을 총액으로 표시하되, 현금의 유입액은 유입 원천별로 분류, 현금의 유출액은 용도별로 분류하여 표시하는 방법을 말한다. 이 경우 현금을 수반하여 발생하는 수익 · 비용 항목을 원천별로 구분하여 직접 계산하는 방법 또는 매출 및 매출원가에 현금의 유출과 유입이 없는 항목들과 재고자산, 매출채권과 매입채무의 증감을 가감하여 계산하는 방법으로 한다. 직접법의 현금흐름을 산출하는 방법으로는 T계정법을 이용한다. 현금 유입액(+) = 수익(+) − 자산의 증감 + 부채의 증감 현금유출액(−) = 비용(−) − 자산의 증감 + 부채의 증감
간접법	손익계산서상의 당기순이익(또는 당기순손실)에 현금의 유출이 없는 비용 등을 가산하고 현금의 유입이 없는 수익 등을 차감하며, 영업활동으로 인한 자산 · 부채의 변동을 반영하여 표시하는 방법을 말한다. 영업활동 현금흐름 = 당기순이익 ± 비현금 손익 ± 투자 · 재무손익 ± 영업자산 · 부채의 증감

◆ [표 2-22] 영업활동으로 인한 현금흐름의 표시방법 ◆

다. 영업활동으로 인한 현금흐름의 구성항목

구분	내용
현금의 유출이 없는 비용 등	현금의 유출이 없는 비용, 투자 활동과 재무활동으로 인한 비용
현금의 유입이 없는 수익 등	현금의 유입이 없는 수익, 투자 활동과 재무활동으로 인한 수익
영업활동으로 인한 자산 · 부채의 변동	영업활동과 관련하여 발생한 유동부채와 유동자산의 증가 또는 감소

◆ [표 2-23] 영업활동으로 인한 현금흐름의 구성항목 ◆

② 투자 활동으로 인한 현금흐름

투자 활동이란 현금의 대여와 회수 활동, 유가증권·투자자산·유형자산 및 무형자산의 취득과 처분 활동 등을 말한다. 현금흐름표에서 투자 활동으로 인한 현금흐름은 유입액과 유출액으로 구분된다. 투자 활동에는 기업이 현금을 대여한 후 현금을 회수하는 활동, 유가증권, 투자자산, 유형자산과 무형자산의 취득과 처분 활동 등이 포함된다. 자산을 처분 시에는 현금 유입액을 해당 자산의 실제 현금 처분가액으로 기재하고, 자산을 취득해도 실제 현금취득금액으로 현금의 유출을 기재한다.

가. 투자 활동으로 인한 현금의 유입

대여금의 회수, 단기금융상품·유가증권·투자자산·유형자산 및 무형자산의 처분 등이 포함된다.

나. 투자 활동으로 인한 현금의 유출

현금의 대여, 단기금융상품·유가증권·투자자산·유형자산 및 무형자산의 취득에 따른 현금유출로서 취득 직전 또는 직후의 지급액 등이 포함된다.

③ 재무활동으로 인한 현금흐름

재무활동이란 현금의 차입 및 상환활동, 신주발행이나 배당금의 지급 활동 등과 같이 부채 및 자본 계정에 영향을 미치는 거래를 말한다.

가. 재무활동으로 인한 현금의 유입

어음·사채 발행, 주식 발행, 단·장기차입금의 차입 등이 포함된다. 이때 사채 및 주식의 발행에 의한 현금흐름은 액면가가 아닌 발행가액으로 기재한다.

나. 재무활동으로 인한 현금의 유출

차입금의 상환, 유상감자, 자기주식의 취득, 배당금의 지급, 자산의 취득에 따른 부채의 지급 등이 포함된다.

5 경영통제

1) 경영통제의 의의와 표준

(1) 경영통제란

① 통제(control) : 조직의 목표를 달성하기 위하여 계획대로 되도록 하는 행위를 말한다.

② 경영통제 : 경영 계획에 의해 실행된 업무의 성취 수준이 계획에 근거한 기준 또는 표준에 도달하게 하려고 계획과 실행 결과의 편차를 측정하고 그 원인을 밝히며 이를 바로잡는 관리 활동이다.

③ 통제 활동은 계획수립과 불가분의 관계를 말한다.

(2) 통제의 중요성

① 조직의 목표달성 여부를 최종적으로 확인하는 활동이다.
가. 계획화–조직화–지휘에 이은 경영의 순환과정의 마지막 단계이다.
나. 순환과정을 마무리하고 다음 계획화 단계에 피드백하는 관리 활동이다.

② 생산성에 큰 영향을 미친다.
③ 조직에서의 권한위임을 촉진한다.
④ 환경변화의 대응할 수 있도록 해준다.
⑤ 기업의 규모가 점차 커지고 있고 또한 기업업무환경이 복잡해지고 있다.
• 통제 활동의 중요성이 보다 강조된다.

(3) 통제의 기준 : 표준

① 양적인 표준(quantitative standard)
생산 수량, 작업 시간, 불량률, 매출액, 순이익, 점수 등과 같이 수치로 표시할 수 있는 표준을 말한다.

② 질적인 표준(qualitative standard)
조직의 화목, 한 개인의 신뢰도, 충성심, 관리 능력 등과 같이 계량화, 수치화할 수 없는 표준을 말한다.

2) 통제의 절차

(1) 통제의 절차

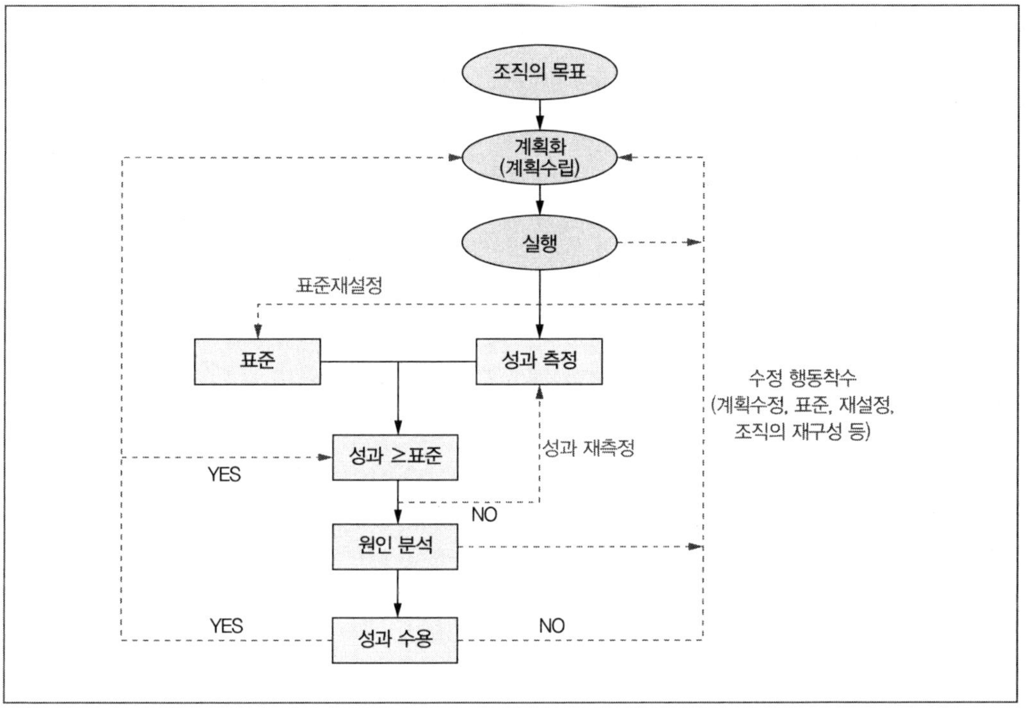

◆ [그림 2-1] 통제의 절차 ◆

(2) 증상과 문제의 해결방식 비교

성과와 표준의 비교	불량률이 5% 초과	팀의 불화
증상	종업원들의 의욕 저하	식사를 같이 한 적이 없음
증상에 근거한 잘못된 수정 행동	“왜 의욕이 없느냐?” 주의를 시킴	전원의 회식 자리를 계속해서 마련함
문제	경쟁기업보다 임금이 낮음	능력 없이 비위를 맞춰주는 사람의 승진
문제에 근거한 바른 수정 행동	임금이 낮은 이유를 이해시키거나 임금을 올린다.	잘못된 인사를 바로 잡는다.

◆ [표 2-24] 증상과 문제의 해결방식 비교 ◆

3) 통제의 유형

(1) 통제의 유형

경영통제의 유형에는 시간적 관점에서 볼 때 사전·동시·사후 통제의 세 가지로 구분할 수 있다.

① 사전적 통제(feed forward control)

잠재적인 문제를 예상하여 그것이 발생하는 것을 피하기 위한 예방적 조치로서 예비통제(preliminary control)라고도 한다. 이는 적절한 방향이 설정되어 있는지, 목표달성을 위해 적절한 자원이 활용 가능한지를 계획단계에서 검토하여 기준을 설정하는 것이다.

② 동시적 통제(concurrent control)

경영활동이 진행 중에 실시되는 통제로 조종통제(steering control) 또는 적격심사통제(screening control)라고도 한다. 어떤 활동을 계속 수행하기 위해서는 승인을 받거나 특정 조건을 만족해야 하는 경우가 있다. 이때의 통제 활동은 이를 계속 진행하거나 수정 또는 중단시킨다.

③ 사후적 통제(feedback control)

모든 활동이 종결된 이후에 취해지는 통제로서 postaction control이라고도 하며, 가장 보편적으로 이용된다. 계획이 합리적이었는지의 여부를 확인하며, 성과와 계획의 편차가 있다면 원인을 분석하여 다음 계획을 수립할 때 기초 자료로 이용하게 된다.

4) 경영통제의 주요기법들

(1) 예산통제

① 예산(budget) : 특정 조직의 단위 기간의 수입과 지출에 관한 예정 계획 또는 계획서를 말한다.

가. 수익예산 : 일정 기간 기업이 창출할 수익에 관한 계획

나. 비용예산 : 수익 창출을 위하여 지출할 비용에 관한 계획

다. 이익예산 : 수익예산, 비용예산과 연관되어 수립

라. 현금예산 : 현금 유입과 유출에 관한 계획

마. 자본예산 : 1년 이상 효과가 지속하는 자본적 지출에 대한 총괄적인 계획

② 예산통제 : 경영활동에 필요한 모든 계획을 화폐가치로 나타낸 예산으로 수립하고 이에 기초하여 경영활동을 수행하며, 예산과 실제 실행 결과의 차이를 분석하는 관리 기법을 말한다.

(2) 내부통제

- 내부통제

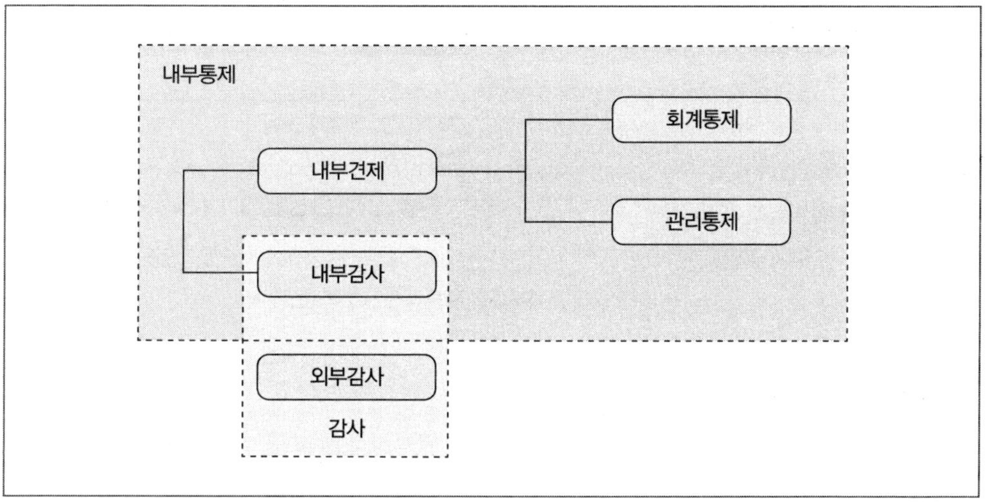

◆ [그림 2-2] 내부통제 ◆

(3) 감사

구분	내부감사	외부감사
주체	내부스텝, 재무담당자 등 내부 관계자	외부전문가
내용 또는 목적	내부 경영관리, 통제목적의 업무 감사	여신분석, 투자분석 등 다양
자율성 수준	기업 자체의 자유 의지	강제적
범위	모든 분야	주로 회계감사

◆ [표 2-25] 감사 ◆

5) 통제조항관리

통제에 대한 저항의 원인	해결방안
달성할 수 없는 표준	표준의 조정
상호 모순되는 표준	표준의 재정립
사람에 의한 과잉통제	효과적인 통제시스템 개발과 운용
부적절한 통제	타당한 통제 정책
지나친 책임의 강조	책임의 적절한 분산 및 균형 유지

◆ [표 2-26] 통제에 대한 저항의 원인과 해결방안 ◆

6) 미래형 통제 활동

미래의 통제 활동 가운데 무엇보다도 중요한 것은 다음같이 세 가지로 설명할 수 있다.

① 기업의 문화를 무시한 선진국형 통제기법이 아니라, 우리 기업이 현재 취하고 있는 통제 활동에 대한 안내서 작성이 무엇보다도 중요하다. 부서마다 다른 통제규정과 활동은 직원들에게 고비용, 저효율을 발생시킨다. 이는 시간이 지남으로써 무사안일의 업무수행과 통제할 수 없는 영역을 확장한다. 따라서 업종과 기업의 규모에 적합한 설명서를 통일화시킴으로써 많은 업무 분야에서 집중적이고 효율적인 통제 활동을 할 수 있다.

② 통제 활동을 위한 표준설명서를 설정함과 동시에 과정과 업무수행결과를 측정하는 과정에 종업원을 참여시키는 것은 매우 커다란 효과를 낼 수 있다. 이로써 종업원이 참여하는 통제시스템을 구축함으로써 통제에 대한 종업원들의 저항을 줄임과 동시에 종업원 스스로 자율적인 통제 효과를 볼 수 있다.

③ 각 사업부의 수준과 기업 전체의 수준을 상호 연결해 종합적인 통제가 이루어질 수 있도록 시스템을 구축할 필요가 있다. 특정부서에 한정된, 일시적인 통제 활동이 아니라 전사적인 측면에서 세부적인 통제 활동이 이루어지도록 시스템을 구축함으로써 종합적인 관점에서 효과적이고 효율적인 통제 활동이 이루어질 수 있도록 해야 할 것이다.

6 고객관리

1) 고객 관계 관리의 이해와 필요성

(1) 고객 관계 관리(CRM)

① CRM은 기존 고객의 충성도를 높이는 데에 집중하고 그로 인한 소개고객 유입의 강화하는 관리 전략이다.

② 신규고객을 지속해서 획득하고 기존 고객을 고정고객과 우량고객으로 확대해 나가야 기업이 성장해나갈 수 있는 것은 누구나 알고 있다.

③ CRM의 측면에서는 고객을 효율적으로 관리하여 고객 스스로 신규고객을 유치하고, 고객 충성도를 높이고 나아가 수익의 극대화를 꾀하고 기존 고객의 이탈을 최소화하는 고객관리 방법이다.

(2) 고객 관계 관리의 필요성

① CRM은 분석 CRM과 운영 CRM으로 나눠 구분할 수 있다.

② 분석 CRM의 경우는 고객정보(개인정보 + 구매정보)를 DB로 구축하여 이를 분석하여 광고나 홍보에 이용하는 것이다.

③ 운영 CRM의 경우는 분석정보를 바탕으로 고객관리 프로그램을 운영하여 고객 충성도에 영향을 미치는 것을 말한다.

(3) 기업의 판매전략 변천

① 산업혁명 : 수요가 공급을 초과하던 시기(생산 우선 시대)
② 1970년대 : 공급이 수요를 초과하던 시기(판매 우선 시대)
③ 1980년대 : 경쟁이 치열한 시기(마케팅 시대)
④ 1990년대 : 고객과의 관계에 노력을 기울이는 시기(고객 중심 시대)

경제적 효과	반복구매율의 증가	부가적 효과	입소문 효과
	매출 증대		충성고객 유치(단골)

◆ [표 2-27] 고객관리의 목적 ◆

2) 고객 관계 관리전략

(1) 고객관리를 통한 고객 만족

고객관리를 효율적으로 하기 위해 고객을 관리하는 데 필수적인 정보를 정리하여 질 좋은 서비스를 제공하므로, 장기적인 고객과의 관계강화를 통해 기업의 수익성을 최대화한다.

(2) 고객관리 단계

① 고객 확보

창업 전 주기에서 이루어지나, 주로 창업 초기 (개점 전 ~ 개점 1개월)에 많이 이루어진다. 시장 점유율 및 고객 점유율을 확장해 나가기 위한 활동이다.

② 고객 유지

고객의 이탈을 방지하고, 고객과의 관계 성화, '단골'을 만드는 활동이다.

③ 평생 고객화

고객의 충성도와 신뢰를 바탕으로 평생 고객 또는 동반자 관계로 발전하는 단계고객 관리의 궁극적인 목적이라고 할 수 있다.

(3) 우량화 유지전략

① 수익기여도 분석(RFM : Regency Frequency Monetary)

- Regency : 얼마나 최근에 구매했는가?
- Frequency : 구매를 얼마나 자주 하는가?
- Monetary : 구매한 총금액이 얼마인가?

구분	내용
장점	구매 가능성이 큰 고객을 찾아내는 데에는 편리한 기법이다.
단점	고객의 개별적인 수익기여도를 직접 파악하는 데에는 한계가 있다.

◆ [표 2-27] 수익기여도 분석 장단점 ◆

(4) 고객 유지전략

데이터마이닝(Data mining) 기법이란? 고객의 인구 통계학적 데이터 및 거래형태에 관한 데이터 분석기법을 통하여 고객의 이탈 가능성을 예측하는 분석기법이다.

3) 고객 응대

(1) 서비스

미국마케팅협회 (AMA) 는 '서비스'를'판매를 위하여 제공되거나, 상품판매와의 관계에서 준비되는 재활동, 편익, 만족'이라고 정의하고 있다. 유형의 상품과 무형의 서비스를 비교해 보면 서비스는 형체가 없는 무형성이며, 생산, 구매, 소비가 동시에 이루어지므로 동시성 또는 비 분리성이라고 한다. 서비스를 표준화와 규격화하기 어려우므로 이질성이라고 하며, 저장과 보관을 할 수 없으므로 소멸성이라는 특성이 있다.

구분	특성
무형성(Intangibility)	눈에 보이는 형태로 제시하기 힘들다.
비 분리성(Inseparability)	생산과 소비가 동시에 일어난다.
이질성(Heterogeneity)	고객이 경험하는 서비스는 언제나 다르다.
소멸성(Perishability)	서비스를 사용하는 동시에 사라진다.

◆ [표 2-28] 서비스의 구분 ◆

서비스		제품
무(無)	형체	형체가 판매에 큰 영향을 미침
무(無)	재고	재고 관리가 중요한 관리 항목 중 하나
무(無)	이동	유통 및 판매를 위한 이동 필요
불가능(不可 能)	소유	소유 자산(재고자산) 분류

◆ [표 2-29] 서비스와 제품의 차이 ◆

(2) 고객 응대 시 대화법

표정은 항상 명랑하게 유지해야 하며, 발음은 항상 정확하게 하고, 목소리는 밝게 한다. 시선은 상대방의 미간을 향하고 말의 속도는 너무 빠르거나 늦어서도 안 된다. 강조할 부분은 반드시 악센트를 주며, 알아듣기 쉬운 용어를 사용하고 말끝을 흐리지 않고 명료하게 전달해야 한다.

(3) 전화응대 요령

전화를 받을 때나 걸 때에는 인사말과 소속, 자신의 이름을 반드시 밝힌다. 첫인사는“ 안녕하십니까?”, 끝인사는“ 오늘 하루 잘 보내시기 바랍니다.”가 가장 보편적이다.

(4) 고객 만족 서비스

① 고객 만족 서비스

고객 만족은 제품과 서비스에 대한 처리 과정, 불일치 형성과정, 또는 단순한 감정 상태인 행복감과는 다른 것으로 만족이란? 소비자의 충족상태에 대한 반응으로서 제품과 서비스의 특성 또는 소비에 대한 충족상태를 유쾌한 수준에서 제공하거나 제공하였는가에 관한 판단이라고 정의한다(Oliver, 1997).

② 서비스 성공사례

안동병원은 친절 서비스로 정평이 나 있는 병원으로 1995년 KBS 일요 스페셜 안동병원의 생존전략이라는 주제로 소개되었다. 친절로 소문난 안동병원이 일본의 MK 택시로부터 맨 먼저 배워간 것은 인사하는 것이었다고 한다. MK유태식 부회장은 “인사하는 것이 간단하고 쉬운 그것으로 보이지만 사실 그렇지가 않습니다. 우리는 전 사원을 인사하게 하려고 수없이 많은 교육해 왔지만 솔직히 지금도 100%는 안 된다.”

③ 경청

상대의 말을 듣기만 하는 그것으로 생각하지만, 상대방이 전달하고자 하는 말의 의미는 물론이며, 그 이면에 깔린 동기 등을 이해하고 이해된 바를 상대방에게 피드백하여 주는 것을 말한다. 이러한 효과적인 커뮤니케이션은 중요한 기법이다.

④ 칭찬과 격려

상대에게 호감을 심어주기 위한 전략으로 마음을 여는데 가장 효과적인 방법이다. 사람은 자신을 칭찬하는 사람을 칭찬하고 싶어 하므로 고객을 칭찬하는 것은 곧 나를 칭찬하는 것이다. 누구라도 한두 가지의 장점은 있기 마련이다. 그것을 빨리 파악하여 진심이 담긴 칭찬을 한다면 고객에게 좋은 대화 상대가 될 것이다.

(5) 고객의 항의

① 고객 불만의 정의

가. 고객이 불만을 표현하는 것은 그 원인에 따라 크게 이의제기(Claim)와 항의(Complaint)로 구분할 수 있다.

나. 이의제기는 어느 고객이든 제기할 수 있는 객관적인 문제점에 대한 고객의 지적이라 할 수 있다. 항의는 고객의 주관적인 평가로, 불만족스러운 메뉴 및 서비스에 대한 불평을 전달하는 것을 의미한다.

② 고객 불만의 중요성

고객의 항의를 이해함으로 고객에 대한 정확한 사실을 얻을 수 있다.

가. 불평은 고객이 무엇을 원하는지 가르쳐 준다. 아무리 고객 서비스를 잘하고 있어도 내가 알지 못하는 부족한 부분이 있기 마련이다. 따라서 소비자의 불평을 오히려 장려하여 불평에 귀 기울이는 노력이 필요하다.

나. 불평하지 않는다고 우리의 서비스와 고객에 대한 욕구충족이 다 이루어졌다고 생각할 수 없다. 일반적으로 불만족한 고객의 94% 이상은 말없이 떠난다. 즉, 불평에 대한 관리의 원칙을 불평하지 않는 사람도 배제할 수 없다는 것이다. 이렇게 말 없는 고객이 말을 시켜 그 마음의 진실을 이해하도록 노력해야 할 것이다. 이렇게 불평은 적극적으로 개발하고 처리하는 기업만이 얻을 수 있는 커다란 보상이라 생각된다.

③ 고객 불만 관리

가. 총 매출의 65% 이상은 반복 구매고객 (단골)에 의해 만들어진다. 새로운 고객확보를 위한 비용보다 기존 고객 유지비용이 적게 든다.

나. 불만이 해결되지 않는 한 고객들은 다시 오지 않는다.

다. 불만이 해결된 경우 고객의 65%는 다시 돌아온다.

라. 차별화된 고객 불만 관리를 통해 소비자들의 부정적인 인식을 긍정적으로 전환함으로써 불만 고객을 충성고객으로 전환하여야 한다.

마. John Goodman의 법칙

John Goodman의 법칙	ⓐ 제1법칙 : 토로의 효과 자신의 불만을 해결하여 만족하게 된 고객은 불만을 느끼고 있지만 토로하지 않는 고객에 비해 동일 브랜드를 재구매할 가능성이 매우 크다. 불만을 말하지 않는 고객의 90%는 다시 오지 않는다. ⓑ 제2법칙 : 구전의 효과 불만 처리에 불만을 가진 고객의 비호의적인 구전의 영향은 만족한 고객의 호의적인 구전의 영향에 비해 2배나 강하고, 부정적 구전은 9 ~ 10명 전파 판매를 감소시키며, 호의적 구전은 5명에게 전파한다는 것이다. ⓒ 제3법칙 : 교육의 효과 소비자 교육은 신뢰도를 높여 호의적 구전을 기대한다.

(6) 불만 고객의 유형과 대처

① 불만 고객의 유형

가. 직접 항의 고객 유형

직접적인 항의를 통해 기업이 서비스 개선의 기회를 주는 유형

나. 수동적, 관망자 적 고객 유형

기업엔 어떤 항의도 하지 않고 기업의 상품과 서비스를 이용하지 않는 유형으로 불만을 속으로 쌓아두는 유형

다. 주변인에게 전달하는 고객 유형

기업엔 항의를 하지 않지만 주변인들에게 말로써 기업의 나쁜 이미지를 전파하여 주변인의 구매를 막는 유형

라. 행동파 고객 유형

기업에 항의하여 만족한 결과를 얻지 못하면 법적 행동이나 대중매체를 통해 소비자들에게 공식적으로 알려 기업에 복수하는 유형으로 불만족한 경우는 불평을 외부에 표출하는 유형으로 3가지로 구분

② 고객 불만을 통한 서비스의 개선

가. 서비스 문제의 원인파악

ⓐ 불평의 모니터링을 시행한다.

ⓑ 고객 만족 조사를 시행한다.

ⓒ 서비스 과정을 모니터링을 시행한다.

나. 문제의 효과적 해결

ⓐ 인적 요소 배양

－종사원들을 보상한다.

－종사원들을 지원한다.

－종사원에게 재량을 준다.

－만회를 위해 종사원들을 훈련한다.

ⓑ 고객 희생을 보상한다.

ⓒ 만회 경험으로부터 배운다.

－근본 원인분석을 수행한다.

－서비스 과정 모니터링을 수정한다.

－문제추적 시스템을 구축한다.

③ 설문 조사 기법을 통한 고객관리

가. 조사(Survey)의 장단점

ⓐ 장점(Advantage)

－대규모 조사를 진행할 수 있다.

－자료의 코딩, 분석이 쉽다.

－대규모 표본으로 조사결과를 일반화할 수 있다.

－직접 관찰할 수 없는 동기, 개념을 측정할 수 있다.

－계량적 방법으로 분석하여 객관적으로 해석할 수 있다.

ⓑ 단점(Weakness)

－응답률이 낮다.

－설문지 개발이 쉽지 않다.

－조사에 오랜 시간이 소요된다.

－깊이 있고 복잡한 질문을 하기가 어렵다.

－부정확하고 성의 없는 응답을 할 가능성이 있다.

④ 대인 인터뷰법

대인 면접법이 비용이 들더라도 신뢰성이 가장 높은 것 같다. 접촉할 수 있는 범위가 한정적인 것이 단점이긴 하나, 대상이 한정적일 때 그리 단점으로 느껴지지 않는다.

장점	가. 응답자가 질문을 이해 못하더라도, 면접원이 자세히 설명할 수 있다. 나. 시각적인 자료를 통해 진행할 수 있다. 다. 응답률이 높다. 라. 질문이 길거나 복잡하여도 진행할 수 있다.
단점	가. 접촉할 수 있는 범위가 한정적이다. 나. 면접원에 의해 오류가 발생할 수 있다. 다. 비용이 많이 든다.

◆ [표 2-30] 대인 인터뷰법 장단점 ◆

⑤ 전화 인터뷰법

내방 고객을 대상으로 만족도 조사를 파악하기 위하여 전화를 많이 사용한다. 업무를 하면서 e-mail도 많이 사용하지만, 전화로 직접 요청하거나 요청받는 경우가 많다. 여론조사의 경우 위의 전화 인터뷰를 통해서 진행되는 경우가 많다.

장점	가. 조사가 신속히 이루어진다. 나. 접촉범위가 대인 인터뷰보다 더 넓다. 다. 면접원의 통제가 쉽다. 라. 상대적으로 비용이 저렴하다.
단점	가. 길거나 복합한 질문을 하기 어렵다. 나. 시각자료를 사용할 수 없다. 다. 면접원의 오류가 발생할 수 있다.

◆ [표 2-31] 전화 인터뷰법 장단점 ◆

⑥ 우편 조사법

우편을 이용하여 설문지를 주고받는 방법이다. 현재는 전자 통신의 발달로 인하여 이용자가 많이 감소하긴 하였으나 일부 특정 대상의 고객을 대상으로 이용되고 있다.

구분	내용
장점	가. 면접원에 의한 오류가 없다. 나. 응답자가 자신만의 속도로 응답할 수 있다. 다. 익명성이 보장된다. 라. 비용이 저렴하다. 마. 접촉범위가 넓다.
단점	가. 회신까지 오래 걸린다. 나. 응답률이 낮다. 다. 응답자가 질문순서를 무시할 가능성이 있다. 라. 질문을 잘못 이해할 경우 설명할 수 없다.

[표 2-32] 우편 조사법 장단점

⑦ 전자 인터뷰법

데이터베이스와 연계되어 자동으로 처리되는 웹 조사 기법으로 현재는 고객관리 프로그램의 고객 데이터를 바탕으로 신규고객 또는 특정 계층고객에게 고객만족도 조사 등에 사용되기도 한다.

구분	내용
장점	가. 면접원에 의한 오류가 없다. 나. 응답자가 자신의 속도로 답할 수 있다. 다. 익명성이 보장된다. 라. 접촉범위가 넓다. 마. 조사가 신속히 이루어진다. 바. 자료의 수집과 분석이 동시에 자동으로 이뤄질 수 있다.
단점	가. 질문을 이해하지 못할 때 설명할 수 없다. 나. 응답률이 낮다. 다. 인터넷 사용에 익숙한 집단만 응답한다.

◆ [표 2-33] 전자 인터뷰법 장단점 ◆

Ⅲ

마케팅

1. 바이럴 마케팅 · SNS 마케팅
2. 지면 광고
3. 협찬

1 바이럴 마케팅·SNS 마케팅

1) 바이럴 마케팅의 정의

① 사람들이 관심을 가지고 다른 사람에게 알리고 싶은 콘텐츠를 소셜 미디어에서 제공함으로써 사람에게서 사람으로 해당 콘텐츠가 바이러스처럼 퍼져서 많은 사람에게 알리기 위한 마케팅 전략이다.

② 단순히 입소문이란 의미를 그대로 해석하면, 바이러스와 같이 무엇인가 퍼지는 느낌으로 이해할 수 있다. 그리고 마케팅에서 입소문이란 의미를 해석하면, 타겟한 사람들보다 더 넓고 큰 범위의 사람들에게 전달되는 것이다.

2) 바이럴 마케팅 특징(장단점)

(1) 바이럴 마케팅 장점

① 낮은 비용

바이럴 마케팅은 잠재 고객에게 직접 광고 캠페인을 통해서 하는 것이 아니라, 사람에게서 사람으로 점점 퍼져나가게 만들기 위한 것이기에 낮은 비용으로 시도할 수 있다.

② 높은 도달

사람에게서 사람으로 퍼져가는 방식은 순식간에 많은 노출 수를 만들 수 있다.

③ 브랜드 인지도

입소문 효과를 통해서 콘텐츠가 퍼져나간다는 것은 그만큼 많은 사람이 관심을 가지고 해당 하는 것에 대해 반응하고 얘기하는 것으로 효과적으로 브랜드의 인지도를 높일 수 있다.

④ 강력한 전달

사람들은 많은 일반적인 브랜드를 접하기 때문에 메시지가 더 한 힘을 내지 못할 수 있다. 그럴 때 입소문 효과를 통하여 노출이 된 콘텐츠는 수많은 사람이 공유하며 댓글을 통해 얘기하고 있기에 전달하려는 메시지가 더욱 강력하게 전달될 수 있다.

⑤ 팔로우의 증가

인기가 많은 콘텐츠를 제공하는 브랜드에 많은 사람이 관심을 끌게 되는 것은 당연하고, 이는 지속해서 관계를 유지할 수 있는 팔로우로 변경될 가능성이 크다.

(2) 바이럴 마케팅 단점

① 브랜드 희석 효과

드문 경우이지만 만약 콘텐츠가 긍정적인 측면이 아니라 부정적인 측면으로 효과가 퍼지면 상표 인지도에 좋지 않은 영향을 끼칠 수 있다.

② 측정의 어려움

광고 캠페인은 분석할 수 있는 데이터가 있어 더욱 나은 광고효과를 위해서 노력할 수 있지만 바이럴 마케팅은 데이터가 따로 남지 않기에 성공하더라도 지속하는 데에 있어서 어려움이 있다.

3) 소셜 미디어 마케팅

(1) 고객을 이해한다는 것의 의미

① 고객의 나이, 성별, 소득, 직업 등 고객에 관련된 정보를 충분히 알고 있다고 생각하기 쉽지만 좀 더 깊이 있게 하면 이것만큼 어려운 것도 없다.

② 고객에 대한 이해는 고객의 결혼 여부나 사는 지역, 취미 등 표면적인 것뿐만 아니라 잘 준비된 구매자 페르소나는 아래의 핵심적인 질문에 답변을 줄 수 있어야 한다.

가. 어떤 상품을 구매하려고 할 때 그들이 가장 먼저 떠올리는 것은 무엇인가??
나. 그 시점으로부터 어떻게 다음 행동이 이어지는가?
다. 구매를 결정하기 전 마지막으로 점검하는 것은 무엇인가??

(2) 구매를 결정하기까지의 구매 여정

① 고객이 최종적으로 상품 구매를 결정하기까지의 과정을 생각하면, 고객들이 생각하는 질문들은 제각각 다르다. 이때 고객들이 궁금해 하는 질문들에 대해 해답을 줌으로써 고객들의 신뢰를 얻어야 한다. 해답을 줄 수 있는 가치 있고, 의미 있는 콘텐츠는 이미지, 오프라인 미팅, 블로그, 세미나, 인포그래픽이 될 수도 있다.

② 대상 고객이 어떻게 생각하고 있는지를 최종적으로 결정 할 때까지, 관련된 어떤 질문들이 있으며, 누구로부터 어디에서 그러한 관련된 질문에 대한 해답을 찾았는지를 이해하는 것들이 고객에 대한 이해이고, 문서화된 구매자 페르소나는 그러한 질문에 대한 인사이트를 담고 있어야 한다.

③ 고객의 이런 관련된 질문들에 해답을 주는 것이 콘텐츠 마케팅의 기본 전략이며 고객에게 가치가 있는 콘텐츠를 통해서 고객들의 신뢰를 얻어내고, 결국은 구매로 이어진다.

(3) SNS 마케팅 KPI 결정

소셜 미디어에서 목표가 무엇인지를 명확해야 한다. 예로써 소셜 미디어 마케팅의 세 가지 목표와 그 목표별로 설정할 수 있는 KPI는 다음과 같다.

① 커뮤니티의 제작

초대받은 사용자만 그 커뮤니티를 볼 수 있도록 닫힌 페이스북 그룹을 제작하여 1년 동안 열심히 운영했다. 구성원 수가 적더라도 이 그룹의 참가자들은 소수의 초대받은 사람만으로만 운영되기 때문에 충성고객으로 될 확률이 높다. 하지만 잘 되고 있는지를 보려면 아래와 같은 KPI가 가능하다.

가. 구성원 수

나. 콘텐츠의 인게이지먼트

다. 그룹에서 구성원들의 질문

② 브랜드 인지도

판매담당자들이 소셜 미디어를 이용하여 마케팅하는 가장 큰 이유 중 하나는 브랜드 인지도이다. 남녀노소를 불문하고 많은 사람이 소셜 미디어를 사용하는 지금, 기업이나 브랜드를 소개하기 위하여 소셜 미디어 마케팅은 필수적이다. 브랜드 인지도를 위한 KPI는 아래와 같은 예가 있다.

가. 팔로워 수

나. 도달

③ 고객의 참여도

가. 소셜 미디어 활동의 주요한 목적 중의 하나가 고객의 참여도를 높이는 것이다. 기업과 브랜드에 대한 신뢰도와 직접적인 연관성이 있다.

나. 성과 측정 지표를 무엇인가에 따라 판매담당자의 액션이 달라지는데 예를 들어 특히 페이스북의 평가 지표가 판매담당자들을 애태운다. 팔로워 수를 KPI로 하여 팔로워를 증가시켰는데, 전혀 도달이 안 되는 케이스도 많다. 참여를 KPI로 하면서 이벤트를 열심히 하는 경우 이벤트를 찾아다니는 사람들만 모이는 예도 있다.

다. 인기 있는 포스트들이 어떤 것인지를 분석해 보고 KPI를 잘 선택하며, 정성적인 평가도 함께 병행할 필요가 있다.

(4) 소셜 미디어 채널 선택

① 주요 소셜 미디어 플랫폼별 가입 현황

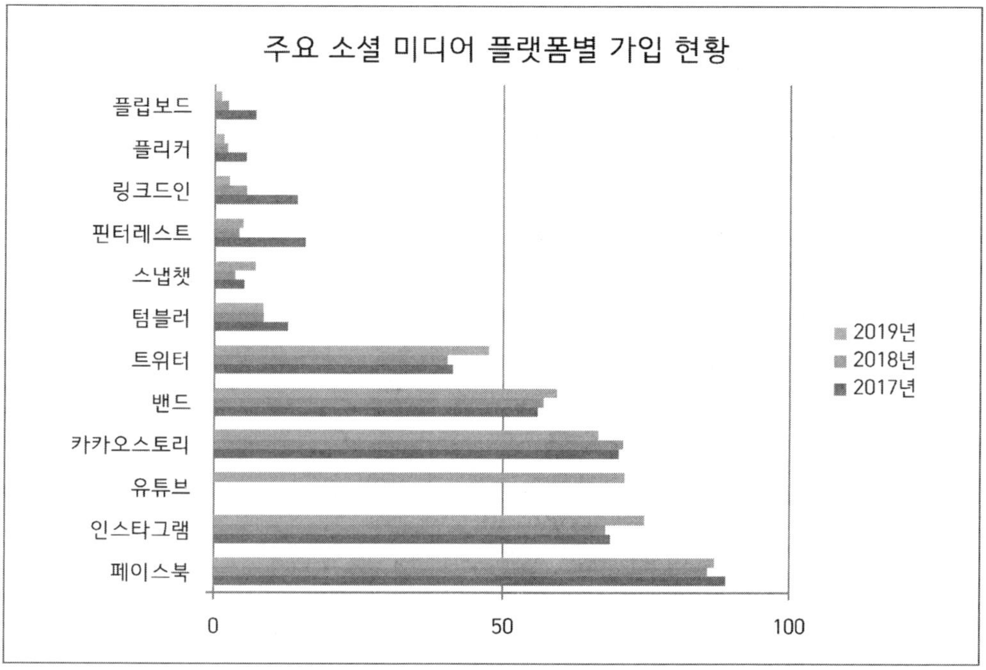

◆ [그림 3-1] 주요 소셜 미디어 플랫폼별 가입 현황 ◆

2019년 7월 발표한 자료에 따르면 플랫폼별 가입 순서는 페이스북> 인스타그램 > 유튜브 > 카카오스토리 > 밴드 > 트위터 등의 순이었다. 이 중에서 트위터와 인스타그램과은 전년 대비 크게 증가세를 보인다.

② 주 이용 소셜 미디어 플랫폼

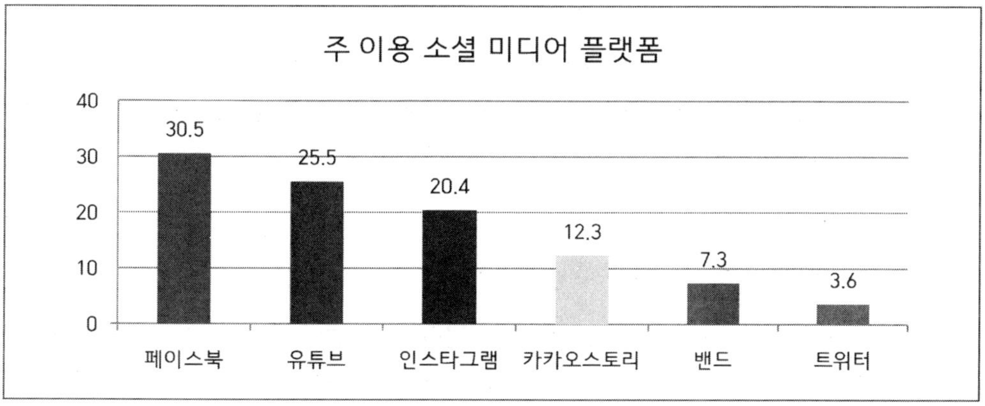

◆ [그림 3-2] 주 이용 소셜 미디어 플랫폼 ◆

소셜 미디어 이용자가 대부분 이용하는 소셜 미디어 플랫폼은 페이스북(30.5%)이 가장 많고, 유튜브(25.5%), 인스타그램(20.4%), 카카오스토리(12.3%) 등의 순서였다.

③ 국내 소셜 미디어 나이별 월평균 이용자 수

(단위: 명)

	10대	20대	30대	40대	50대
1위	페이스북 (221만 명)	인스타그램 (493만 명)	인스타그램 (440만 명)	밴드 (502만 명)	밴드 (544만 명)
2위	인스타그램 (191만 명)	페이스북 (386만 명)	밴드 (319만 명)	카카오스토리 (298만 명)	카카오스토리 (297만 명)
3위	트위터 (86만 명)	밴드 (178만 명)	페이스북 (268만 명)	인스타그램 (266만 명)	페이스북 (177만 명)

◆ [표 3-1] 국내 소셜 미디어 나이별 월평균 이용자 수 ◆

가. 나이별로는 10대는 페이스북, 20대와 30대 모두 인스타그램, 40대와 50대는 네이버 밴드를 가장 많이 이용하는 것으로 조사되었다.

나. 닐슨 미디어 자료

닐슨 미디어의 자료도 일관된 경향을 보여 준다.

ⓐ 10대-20대 초반 연령층에서 '페이스북'이 높았다. 동영상과 사진을 공유하는 SNS 플랫폼인 '인스타그램'도 자주 이용하였다. 페이스북 이용자의 49%가 인스타그램을 동시에 이용하였고, 인스타그램 이용자의 84%가 페이스북을 같이 이용하는 것으로 보여 다른 SNS보다 중복 이용률이 높음을 알 수 있었다.

ⓑ 20대 후반 ~ 30대 후반: 20대 후반에는 페이스북의 이용이 가장 높지만, 인스타그램 이용 비중도 높다. 30대에는 밴드와 카카오스토리의 비중이 커지고, 30대 후반은 밴드와 카카오스토리 이용이 높다.

ⓒ 40~50대 연령층에서는 카카오스토리와 밴드 이용율이 높았으며, 카카오스토리와 밴드 모두를 이용하는 구역이 50%를 넘어섰다.

다. 표적 고객을 이해하였고, 소셜 미디어 채널을 선택하였다면, 본격적으로 콘텐츠 계획이 남았다. 가끔 계획을 잘한다고 하는 판매담당자들도 의외로 마구잡이로 시작하는 경우가 허다한데 네이버에 진입해서 인기 검색어가 무엇인지를 검색해 본 다음, 키워드들을 나열한 후 그것으로 콘텐츠 토픽을 유도해내는 분들이 의외로 많다. 고객의 표적은 잃어버리고, 조회수를 늘리는 것이 주목적이 되어버린 경우이다.

(5) 콘텐츠 토픽 연구

① 콘텐츠를 만들기 전에 토픽의 리스트를 만들어야 하며, 이 작업이 성공적이라면 반은 성공한 셈이다. 콘텐츠는 여기저기서 흔하게 본 듯한 것들이 아니라, 독창적이어야 하고, 소비자와 연관성이 있어야 한다.

② 이용자들의 관심을 유도하는 콘텐츠를 제작하여 폭넓은 입소문을 가지고 싶다는 희망은 현실적이지 않다. 나의 잠재 고객의 관심을 끌 만한 콘텐츠 토픽에 집중하는 게 좋다.

③ 앞에서 살펴본 대로 조사를 통해 이용자들의 관심사가 무엇인지를 확인하는 일들도 좋은 방법이다. 표적 고객층에 해당하는 이용자들과 집중적으로 인터뷰 (FGI)를 하는 일들도 유용하다. 경쟁사가 어떠한 것들을 하고 있는지 알아보는 것도 이 단계에서 중요한 할 일 중의 하나이다. 경쟁사가 무엇을 진행하고 있는지를 살펴보고, 그 중에서 무엇이 잘 되고 있는지를 알아보면서 영감을 얻기를 바란다.

(6) 편집 달력 제작

① 토픽 리스트를 만들었다면 준비는 거의 다 마무리되었다. 우선 해당 콘텐츠가 목표화하는 고객이 누구인지 결정하고 토픽을 잡도록 한다. 최대한 토픽은 구체적이면서 상품 혹은 해당 업계와 연관성이 큰 토픽으로 해야 한다.

② 타이틀을 선택하고, 타이틀에 포함할 키워드를 선택해야 한다. 콘텐츠 계획 서식을 이용해서, 이용자들의 구매 여정 처음부터 끝까지 각 단계별로 필요한 콘텐츠를 분석하여 콘텐츠를 전략적으로 배분한다. 콘텐츠 구상이 끝나면 콘텐츠 달력을 만들어서 미리 준비한다. 달력은 달력 포맷으로 해도 되며, 앞의 콘텐츠 계획 서식처럼 각 토픽에 콘텐츠 제작 완료 일자와 발행할 날짜를 기재해서 사용해도 된다.

(7) 지속적인 소통을 통해 신뢰 쌓기

① 소셜 미디어 계정 관리를 외부에 위탁하거나 팀원 중에서 가장 소셜 미디어에 익숙한 직원에게 맡겨버리는 경우가 종종 있다. 소셜 미디어는 소셜 미디어를 통하여 콘텐츠를 발행하는 것이 첫 번째이고, 이 과정은 위탁이 가능하지만, 다음 단계는 양방향의 소통이다.

② 의문점이 있거나 불만이 있을 때에는 소셜 미디어를 통하여 빠르고 쉽게 소통할 수 있다. 이러한 것들을 잘하는 기업은 소셜 미디어를 통하여 고객들을 확보하거나 기존 고객들의 충성도를 높일 수 있지만, 이러한 대응을 소홀히 하다가 큰 곤혹을 치르는 예도 있다. 소셜 미디어 커뮤니케이션 가이드는 꼭 준비해 놓는 것이 바람직하다.

(8) 측정과 재검토

결과를 측정하는 것이 가장 마지막이다. 지금까지의 동안의 노력들이 원하는 결과들을 도출하고 있는지를 주기적으로 확인해야 한다.

가. 소셜 미디어 마케팅 목표가 많은 잠재 고객들에게 자신의 브랜드를 알리는 것이었다면, 웹사이트 총방문자 수, 팔로워 수, 소셜네트워크 계정의 총 도달 등을 점검한다.

나. 목표가 고객들과의 소통 강화와 연동(Engagement)이 목표였다면 좋아요, 포스트 클릭, RT, 댓글 등을 점검한다.

다. Conversion(잠재 고객에서 관심 고객으로 유도)가 소셜 미디어 마케팅의 목표였다면, 소셜 미디어 계정을 통하여 해당 브랜드의 특정 웹사이트를 방문한 방문자를 분석해 본다. 구글 애널리틱스에 소셜 미디어를 연동시킨 대시보드를 내려 받아 주기적으로 확인해야 한다.

2 지면 광고

1) 지면 광고

지면 광고는 인쇄를 통해 종이에 광고물이 들어가는 것을 뜻한다. 책, 잡지, 신문 등 인쇄를 통한 매체를 이용하여 소비자들에게 퍼져나가는 방식의 광고이며 이런 지면 광고에서도 여러 가지 종류의 광고를 확인할 수 있다. 우선 잡지를 살펴보면 한 권에 들어가는 광고영역이 기본적으로 여러 종류 중 5가지 이상의 종류가 있으며 크게 커버, 내지, 기사 형식으로 나눌 수 있다. 또한, 배포되는 형식에 따라 영역이 나뉘며 주간, 월간, 일간 배포되는 형식으로 지면 광고는 진행할 수 있다. 보통 일간지로 배포되는 경우 신문에 진행되는 경우가 많으며 주간 또는 월간지는 잡지에 주로 배포되고 있다.

2) 지면 광고의 특징

지면 광고의 경우 브랜드를 강조할 수 있는 콘텐츠를 제작하거나 제품에 대한 정보를 전달하기 위한 광고 또는 언론을 통하여 소비자와 커뮤니케이션을 하기 위한 광고 등 여러 가지 방법으로 소비자에게 접근할 수 있다. 하지만 이 모든 것을 한 페이지 또는 몇 안 되는 페이지를 통하여 진행하려 할 때 너무나 많은 것을 내포하는 내지 광고 같은 경우 소비자에게 되레 악영향을 끼칠 수 있으므로 전하고자 하는 명확한 내용만을 표기해 광고하는 것이 올바른 콘텐츠 제작방법이다. 제품에 대한 브랜딩을 위해서 제품에 대한 카피와 이미지를 포인트로 잡고 진행을 하거나 설명이 필요하다면 소비자들이 쉽게 이해할 수 있는 내용으로 콘텐츠를 제작하여 지면에 실어야 가독률이 높아진다. 또 진정성을 전하고 싶으면 인터뷰를 통한 광고 집행이 가능한 애드버토리얼 같은 진행방법으로 제품에 대한 명확한 설명을 기사화해 진행하여 소비자들에게 광고내용을 전달하는 방법이 무질서한 콘텐츠 제작보단 훨씬 높은 가독률을 보이는 광고 방법의 하나다.

3 협찬

'협찬'은 후원과 같이 재정적인 지원을 한다는 관점에서 의미가 유사하나, 그 형태가 현물, 현금이나 용역(기술, 제작) 등에 한정되어 있으며, 대부분 기업체에서 참여하는 경우가 많기 때문에 후원과 차별된다.

참여 주체가 대부분 기업에 편중되는 이유로는 협찬기업(보통 협찬이 기업이 주체가 되어 이루어지는 간접광고의 한 종류) 혹은 협찬 장소에 간판, 로고나 소품, 상호로 이용하는 제품의 상표 노출 등의 효과를 노리는 마케팅 기법이기 때문이다.

1) 매체별 광고(협찬) 표기법

(1) 이미지 매체

① 본문 첫줄 또는 사진 내 표기하거나, 첫 번째 해시태그로 표기해야 한다.

② 첫 번째 해시태그가 아니거나, 더 보기 내, 댓글, 프로필 란에 표기해서는 안 된다.

(2) 동영상 매체

① 게시물 제목 또는 영상 내에 표기하거나, 영상 위 배너, 영상 위 본문 내 첫 번째 해시태그에 명시해야 한다.

② 제목 끝에 써서 바로 보이지 않게 하거나, 실시간 채팅창, 영상의 설명란, 고정댓글에 표기해선 안 된다.

(3) 텍스트 매체

① 게시물 제목 또는 영상 내에 표기하거나, 영상 위 배너, 영상 위 본문 내 첫 번째 해시태그에 명시해야 한다.

② 제목 끝에 써서 바로 보이지 않게 하거나, 실시간 채팅창, 영상의 설명란, 고정댓글에 표기해선 안 된다.

③ 댓글과 더 보기에 쓰면 표기해도 위반이다.

주의해야 할 점은 더 보기 등과 같이 추가로 클릭해야만 표시를 확인할 수 있게 하거나, 댓글(첫 번째 댓글, 고정댓글 모두)에 표시하는 경우는 표기해도 위반이라는 점이다. 또한, 별도의 페이지를 통해 확인하도록 하거나 게시물 본문의 중간중간에 표시를 하여 다른 내용들과 구분되지 않는 경우, 유튜브의 영상 설명란, 인스타그램 프로필 설명란, 실시간 채팅창 모두 위반이다. 반드시 앞에 명시한 지정된 위치인 제목 및 상단에 위치하도록 표기해야 한다.

④ 흐리게 쓰거나 작게 써도 위반이다.

글씨를 과도하게 작게 쓰거나 배경과 유사한 색(연회색 등)으로 표기하여 식별이 어렵게 하는 것 또한 위반이다. 공정위에서는 배경이나 다른 글자의 색과 구분되는 색을 사용하여 작성하거나 큰 글씨로 표시로 작성하는 것을 권고하고 있다.

(4) 표시대상

표기는 경제적 이해관계가 있는 모든 경우 표기해야 하며, 거래할 수 있는 모든 상품 및 서비스가 대상에 해당한다. 화장품, 실내장식 제품, 가전 등 일반적인 소비재뿐 아니라 프로그램, 앱, 음원, 게임 등 서비스도 해당하므로 경제적 활동에 해당하는 추천이라면 예외 없으므로 생각하는 것이 좋다. 또한, 미출시 제품도 해당하니 함께 주의해야 한다.

① 경제적 이해관계

광고주와 추천·보증인(영향력자)이 경제적 관련성을 갖는 모든 경우를 의미하는데, 할인권,상품권, 적립금, 현금 등 금전적 대가를 지급하는 그것뿐만 아니라 무료대여,할인 혜택 제공, 상품 무료 제공 등도 포함이다. 또 협업(협업)·공동구매 진행을 통하여 수익 배분 혹은 동업이나 고용 관계 등과 같은 경제적 이익을 공유하는 것도 포함된다.

② 대상 범위

포스팅 범위는 사전에 계약해 비용이 지급된 콘텐츠뿐 아니라 영향력자가 계약된 콘텐츠 사전 및 사후에 자발적으로 올린 콘텐츠도 포함된다.

(5) 위반할 때 제재 내용 및 벌금

해당 지침을 위반했을 때에는 시정명령 – 과징금 – 고발 3단계에 거쳐 상업적 활동이 제재되며 사업자 또는 사업단체에 최대 1억 5천만 원의 벌금이 부과될 수 있다.

① 시정명령

해당 위반행위의 중지, 시정명령을 받은 사실의 공표, 정정광고 등 (제7조 제1항)

② 과징금

관련 매출액의 100분의 2 이내 또는 매출액을 산정하기 곤란한 경우 5억 원 이내의 범위에서 부과(제9조)

③ 고발

2년 이하의 징역 또는 1억5천만 원 이하의 벌금(제17조)

2) PPL

간접광고의 대표적인 형태인 product placement(제품 간접광고) 혹은 내장형 마케팅(embedded marketing) 또는 끼워 넣기 마케팅이 있으며, 좁은 의미에서의 PPL은 대부분 방송 프로그램 속의 소품으로 등장하는 상품을 말한다.

하지만 광의의 PPL은 협찬을 제외한 대부분의 간접광고를 포괄하는 개념이다. 그러므로 광의의 PPL은 브랜드 이름이 보이는 상품뿐만 아니라, 협찬업체의 특정 장소, 명칭, 이미지 등을 무의식중에 노출해 관객들에게 홍보하는 광고 마케팅 전략을 말한다.

(1) PPL의 시초

① PPL의 시초는 1982년 개봉한 스티븐 스필버그의 영화 E.T이다. 극 중 주인공인 엘리엇이 E.T를 유인하기 위하여 허쉬 초콜릿을 보여주는 장면이 나온다. 영화의 성공과 동시에 허쉬 초콜릿의 판매량도 전년 대비 65% 상승했다.

② 한국에서 최초로 PPL이 시작된 것은 1991년도에 개봉한 '결혼이야기'로 알려져 있지만, 본격적인 PPL 시작은 간접광고에 대한 방송법이 개정된 2010년부터이다.

(2) PPL의 효과

① 본격적인 PPL이 등장한 초기에는 소비자들의 반감을 샀다. 그 반감 이유는 극의 몰입을 방해한다는 것이였는데 PPL이 일상적으로 자리 잡고 방법도 고도화 되면서 효과적인 커뮤니케이션 수단으로 자리를 잡았다.

② 제일기획의 보고서에 의하면, PPL 시청을 경험을 한 사람들이 92.0%이고, 코바코 MCR 2019에 의하면 간접광고를 통하여 제품/브랜드 인지, 제품/상표 평판 개선에 높은 영향을 미친다는 조

사가 있다. 그뿐만 아니라 고객들의 제품 구매단계 중에서 '제품 인지 단계'와 '브랜드 호감 형성 단계'에서 높은 효과를 보였다.

③ 이처럼 PPL은 일상적인 광고 커뮤니케이션 수단 및 브랜드 인지도와 호감도를 증진시키는 데 효과적인 수단이라는 것을 나타낸다.

(3) PPL의 종류

종류		내용
단순 노출		방송 프로그램 속에서 PPL 제품을 소품으로 활용해 노출하는 방법
협찬 고지		방송 프로그램이 끝날 때 화면 크기 1/4 이내의 회사 로고나 브랜드를 노출해 제작 지원을 알리는 방식
가상광고	등급 고지	방송 시작 직전 등급 고지 시점에 노출되는 가상광고
	에필로그	프로그램의 예고편, 에필로그에 노출되는 가상광고
기획 PPL	직업군 설정	방송 프로그램 속 캐릭터의 직업을 광고주와 관련된 것으로 설정해 브랜드 노출 용이성을 높이는 방식
	기능 연출	PPL 제품의 특징을 드라마에서 출연자의 대화, 실연 등을 통해 보여주는 방식
	장소 연출	카페나 특정 상품의 매칭을 출연자들이 자연스럽게 방문하는 기법
PPL 연계 마케팅	풋티지	콘텐츠의 영상 소스 및 배경, 톤과 예의, 주요 상징물 등을 활용하여 콘텐츠와 광고의 연계성을 강화한 광고
	키워드 마케팅	콘텐츠 속 등장인물과 제품을 연관을 지어 검색어 마케팅에 활용

◆ [표 3-2] PPL의 종류 ◆

과거 PPL은 드라마속에서 소품으로 등장하는 경우가 많았지만, 그 범위가 점차 넓어지고 있다.

① 단순 노출

단순 노출은 드라마나 예능에서 화면에 상품을 비추는 것을 말한다. 단순 노출은 콘텐츠의 맥락 및 상황과 관련되지 않는 경우가 대부분이다. 가장 기본으로 PPL 하면 흔하게 연상하는 것이 단순 노출일 것이다.

② 협찬 고지

방송의 끝에 바 형태로 회사의 로고나 이미지 및 브랜드를 노출하는 것을 말한다. 드라마나 예능 속에 협찬 고지는 녹아들어 있지는 않으나, 브랜드의 이미지가 크게 노출된다는 점, 방송의 마지막이기 때문에 집중도가 높은 시점이라는 것 때문에 효과적인 방식이다. 협찬 고지 자체로만 판매하지는 않으며, 제작 지원 때에 패키지(package)로 판매되는 광고 상품이다.

③ 가상광고

비교적 최근에 생긴 광고 상품이다. 본래 콘텐츠의 화면 한편에 자리 잡아 시청자가 채널을 돌리지 않으면서도 브랜드를 효과적으로 노출하는 효과적인 방법이다. 단 5~6초 정도로 짧기 때문에 많은 메시지를 노출할 수 없다는 점, 새롭게 소재를 만들어야 한다는 점은 단점이다. 드라마나 예능에서 가상광고가 나오는 시간은 에필로그, 프로그램의 예고편, 나이 제한을 표시하는 '등급 고지' 부분이다.

④ 기획 PPL

단순 노출의 개선판인 본격적인 PPL이라 할 수 있다. 콘텐츠 제작 초기단계에서부터 PPL을 염두에 두면서 상황과 맥락 속에 자연스럽게 녹아들게 하는 방식이다. 이따금 뜬금 없는 상황 연출로 시청자의 질타를 받을 때도 있긴 하지만, 잘 기획된 PPL은 시청자의 관심을 받는다.

가. 직업군 설정

브랜드를 드라마속 등장인물의 직업으로 등장시키는 경우이다. 상황 설정상 지속적인 노출이 가능하며 노출이 될 때 자연스럽게 받아들여질 수 있다.

나. 기능 소구

자칫 잘못하면 어색하게 느껴질 수도 있다. 특히 광고주의 관점에서 자사 상품의 강점을 강하게 노출하고 싶은 마음에 생각 없이 추가하다 보면 극의 흐름을 끊어지게 하는 현상이 발생한다. 갑자기 상품을 풀 클로즈업하면서 한참을 보여주면 시청자들은 어색하게 느낀다. 그러나 극의 상황 속에서 상품의 기능을 보여주어 시청자들의 머릿속에 깊은 인상을 남길 수 있다.

다. 장소 노출

프랜차이즈 매장들은 극 중의 배경으로 등장하는 경우가 많다. 다양한 사건 사고들이 발생하는 배경에 노출되는 매장들은 자연스럽게 시청자에게 인지될 수 있다. 그런데도 '왜 저 사람들은 같은 식당에만 가는가?' 라는 의문점이 드는 예도 있다.

특정 상황과 매장을 지속해서 매칭 해서 노출하면 소비자에게 상표 평판을 확고하게 인식시키는 계기가 될 수도 있다. 기획 PPL은 콘텐츠들의 맥락 속에 자연스럽게 녹아 들면서, 이야기의 한 부분이 된다는 점에서 다른 광고 커뮤니케이션과 차이를 보인다.

⑤ PPL 연계 마케팅

PPL은 다음부터 연계 마케팅을 할 수 있다는 점에서 확장력이 있다. 대표적인 것이 풋티지 광고이다. 풋티지 광고 기존 콘텐츠의 장면, 맥락을 활용해서 제작하는 광고다. 표현에 한계가 있으나 제작비가 적게 들고, 콘텐츠의 이야기를 가져올 수 있다는 점에서 효과적인 광고 수단이다.

Start-up of Beauty Cosmetics

IV

제품의 판매

1. 온라인쇼핑몰
2. 수출
3. 브랜드샵과 로드샵
4. 백화점
5. 면세점
6. 홈쇼핑
7. 드러그스토어

1 온라인쇼핑몰

1) 온라인 쇼핑몰의 정의

온라인쇼핑몰은 제품 또는 서비스를 판매하는 자가 인터넷으로 서비스 또는 제품을 전시하고, 구매하는 고객들이 결제 수단을 통해 그 서비스 또는 제품을 결제하고 구매하는 활동이 자주 일어나는 인터넷 사이트를 온라인쇼핑몰이라고 한다.

온라인으로 구매 활동이 이루어질 때는 구매자와 판매자가 직접 만나서 거래가 이루어지는 경우인 것이 아니므로 제품 정보, 구매 활동과 관련하여 약관, 피해보상 규정, 배송 안내, 결제 수단의 안내 등 구매하는 활동에 필요한 내용들이 자세히 인터넷 웹 사이트 안에 명시가 되어 있어야 할 거래 사고를 줄일 수 있다.

2) 장단점

(1) 접근성, 편의성

소비자로선 직접 오프라인 매장까지 가지 않고도 물건을 구매할 수 있다.

회원가입의 불편을 줄이며 고객관리 비용을 절감하기 위해서 쇼핑몰 사업자가 고객이 네이버, 구글 등의 포털사이트 ID를 활용해 주문과 결제까지 끝낼 수 있게 할 수 있는 서비스를 구매하여 제공하는 경우가 대부분이다. 그 서비스의 대표적인 경우는 구글 월렛, 네이버 스토어팜 서비스이다. 또 2017년 들어서는 소셜네트워크 로그인도 많이 도입되고 있다.

(2) 가격 경쟁

같은 물건 혹은 옷이라도, 사이트마다 천차만별인데다가, 한 번에 다양한 스타일과 가격대까지 보고 고를 수 있는 장점이 있다. 무엇보다도, 매장은 월세가 필요가 없으며 온라인쇼핑몰은, 당연히 오프라인 매장들에 비해서 저렴할 수밖에 없다. 이와 같은 장점들이 있으므로 오프라인 매장에 방문해 구매하는 것보다 온라인 숍에서 구매하는 게 훨씬 더 효율적이라는 평이 존재한다.

(3) 소비자 기만

① 대한민국에서 대국민 토크쇼 안녕하세요, 화성인 바이러스등의 일반인이 참여하는 프로그램에 잡신호 마케팅 광고를 하려고 찾아온 쇼핑몰 운영자들, 돈을 가지고 도망가거나 고객과 전투태세가 형성되어진 쇼핑몰 운영자들, 무개념 광고전략을 내세우에는 쇼핑몰 운영자들 때문에 부정적 의미로 쓰이는 경우가 많다.

② 과장 광고, 허위광고가 심각하다. 국내 패션 쇼핑몰들은 100이면 100 포토샵을 사용해 모델을 비현실적인 몸매로 꾸미고 사람들을 기만하고 있다. 따라서 소비자는 사진보단 크기를 보는 게 아니라 자세히 표시된 둘레나 길이를 보고 파악해야 하며 사진은 포토샵 처리되어 깔끔해 보이니 실제 재질과 함유량을 확인해보는 것이 좋다. 오프라인 매장에서 코트를 보고 괜찮아 보여서 인터넷에서 비슷한 색을 구매했더니 웬 부직포가 오는 경우가 흔한데 그런 오프라인 매장에서 비싼 가격에 재질도 옷 같은 꼴을 갖춘 옷들은 모나 울 같은 고급 재질을 50% 이상 사용한 옷들이다.

③ 재고를 가지고 구매자를 낚는 행위를 하는 양심적이지 못한 사이트들도 있다. 소량입고나 한정적인 상품이라고 노골적으로 표시를 해둔 사이트들과 교묘하게 장바구니에 상품들을 담아서 개수가 몇 개가 남았는지 보여주는 사이트들도 있는데, 소비자들의 심리를 자극해, 상품이 동나려 하거나 혹은 이 물건은 사고 봐야 한다고 하며 생각하게 만드는 것. 한정적인 상품인 줄 알고 구매를 했더니 몇 차례 재입고했다는 사례가 있었고, 개수가 안 남은 줄 알고 구매를 했더니 구매한 다음 날 '소량'을 재입고해놓고 전부 판매되면 또 소량만 재입고를 하는 것을 반복했다고 한다.

④ 주문 후 뒤늦게 품절 통보를 받는 사례
가끔 주문을 한 후 3~4일 혹은 일주일 이후 품절 통보를 하는 경우가 있다. 이러한 일이 발생을 하는 이유는 보통 판매자가 일으킨 전산 실수라 생각을 할 수 있는데 만약 전산의 문제로 소비자가 결제를 이미 해버린 상태에서 판매자는 그 물건을 보내줄 수 없다면 즉시 품절 통보를 하게 되지만 전산 실수가 아닌 뒤늦게 통보를 받는 경우에는 판매자가 애써 해당 제품을 구해보려고 용을 써봤지만 구하지 못해 할 수 없이 소비자한테 뒤늦게 통보를 하게 된다. 이러한 통보를 받게되면 소비자는 어이없으면서도 분노를 참지 못하는 것이 대부분이다. 실제로 이러한 사례로 인해 법률상 보상은 받을 수 있으나 대부분의 쇼핑몰에서 이러한 사실을 홍보조차 제대로 이루어지지 않은 게 문제점이라고 볼 수 있다. 다른 경우는 판매자가 가격을 올려 판매 글을 새로 올렸으나 미쳐 과거의 가격으로 된 판매 글을 지우지 못해서 소비자가 이를 모르고 주문해버리면 판매자가 이전의 가격으로 팔 수 없다고 품절 통보를 하는 것이다. 이러한 사례들을 예방하기 위해서 만약에 상품이 3~4일 정도 여전히 배송준비 단계인 상태라면 재고가 소진된 상품일 수 있으므로 즉각 주문을 취소 한다. 그리고 자급적 재고가 적으며 제품이 다른 곳과 다르게 많이 저렴하다 싶으면 신중하게 주문을 권장한다.

3) 입점형 온라인쇼핑몰

입점형의 온라인쇼핑몰이란 쇼핑몰을 운영하는 사업자가 따로 존재하고, 제품을 판매하려고 하는 판매자가 쇼핑몰에 입점하여 제품을 판매하는 형태의 쇼핑몰을 말한다. 제품이 판매가 되었을 경우에 판매자는 쇼핑몰 사업자에게 일정 판매 수수료를 지급하고 사업자는 쇼핑몰의 마케팅과 운영을 책임을 지게 되는 방식이 일반적으로 이루어진다. 판매자는 판매 수익이 줄어든다는 점, 제품 등록에 있어서 제약이 있는 단점이 있지만, 쇼핑몰 운영과 마케팅에 대해 부담이 없고, 판매에만 집중을 할 수 있는 이점이 있다. 우리나라에서는 옥션, CJ mall, G마켓 등이 이것에 속한다.

4) 독립형 온라인쇼핑몰

① 독립형 온라인쇼핑몰이란 제품 판매자가 직접적으로 인터넷주소(도메인)를 구매하고 온라인쇼핑몰 웹사이트를 제작한 후 본인의 브랜드로 제품판매를 하는 형태를 말한다. 독립형 온라인쇼핑몰은 판매자 의도대로 쇼핑몰을 구축, 운영을 할 수 있다는 점과 입점 형과 비교하면 제품 중간이윤이 높다는 장점이 있지만 온라인쇼핑몰 웹사이트의 직접 구축에 대해 비용이 많이 들고 마케팅 비용이 많이 들어간다는 단점이 있다.

② 일반적으로는 제품 판매자가 직접 웹사이트를 구축하기엔 기술적인 부분 등 힘들기에 온라인쇼핑몰 전문 제작업체나 프리랜서를 통해서 외주를 주는 경우가 많다. 이러한 경우에 전문 쇼핑몰의 형태를 갖출 수는 있으나 최소 수백만원에서 수천만원의 비용이 들어가기 때문에 중소규모의 제품 판매자의 경우에는 쇼핑몰 솔루션이 기본적으로 탑재가 되어있으며, 비교적 저렴한 비용으로 서비스를 제공을 해주는 EC 호스팅을 많이 이용한다. 다만, 전자 결제 시스템 사용에 대해서 계약을 하고 쇼핑몰 디자인에 대한 비용과 제품 촬영에 필요한 장비 구매 비용 등은 고려를 하여야 한다.

5) 전문점

전문점이란 특정한 제품만 전문적으로 판매를 하는 온라인쇼핑몰을 말한다. 종합 몰보다 규모가 상대적으로 적을 수 있지만 특정 제품에 대해 고객 커뮤니티를 중점적으로 활성화할 수 있는 장점이 있으며 나만의 단골 확보, 마니아층을 대상으로 한 마케팅, 집중 마케팅 및 고객 확보가 가능하다. 하지만 경쟁업체가 많을 확률이 높기에 타 온라인쇼핑몰과의 차별을 통한 경쟁우위의 전략이 필요하다. 소규모 온라인쇼핑몰 사업자들이 전문점의 성격을 띠고 있는 경우가 대부분이다.

6) 종합 몰

종합 몰이란 다양한 종류의 제품들을 모두 판매를 하는 형식의 온라인쇼핑몰로 대부분 입점 형태의 구조로 되어있는 경우가 많다. 제품의 종류에 따라서 카테고리로 구분하여 수많은 제품을 한 번에 쇼핑할 수 있다는 장점이 있고, 여러 제품의 가격 비교를 쉽게 할 수 있다. 또 사업자의 규모가 크기 때문에 거래를 하는데에 있어 안정성 및 신뢰성을 더욱 높일 수 있다는 장점이 있다. 다만 특정 제품만을 봤을 때 전문점보다 제품의 종류가 적을 수 있으며 전문점과 가격 비교를 통해 구매를 결정해야 한다.

7) 판매자의 운영

온라인쇼핑몰 운영에 대한 경험이 없다면 일단 입점형의 온라인쇼핑몰에서 경험을 먼저 쌓는 것을 권하고 싶다. 온라인쇼핑몰은 시작부터 많은 수익이 발생하기는 많이 어렵다. 따라서 비용이 저렴한 입점형 온라인쇼핑몰에서 제품의 등록, 고객 상담, 배송, 주문 확인, 반품처리 등의 다양한 경우를 경험을 해본 다음에 독립형 온라인쇼핑몰을 오픈하는 것을 권한다. 그렇지 않으면 충분한 경험이 없는 상태로 독립형 온라인쇼핑몰을 운영하게 되면 많은 시행착오를 거치게 될 것이며 그로 인해 자리를 잡기도 전에 지쳐서 포기를 하는 사태가 발생할 수 있다. 물론 금전적인 손해도 많이 볼 것이다.

2 수출

1) 수출

① 원칙적으로, 그것은 다른 국가에 상업 상품을 판매하는 것을 말한다. 다시 말해, 수출은 국제 시장에서의 거래 행위를 수반한다. 수출 사업은 운송 수단으로 도로, 해상 또는 항공에 의존합니다. 반면에 대중교통 선택은 다양한 요소에 따라 다르다. 예를 들어, 꽃과 같은 부패하기 쉬운 물건을 다른 나라에 취급한다면 가장 적합한 방법은 항공화물 물류 회사이다

② 물류와 해운은 둘 다 수출 과정의 일부이자 소포 dl 다. 특히 운송은 물류의 일부일 뿐이다. 상품의 실제 움직임이다. 잠재 고객의 물류 부분은 창고, 재고 처리, 포장을 다루며 몇 가지 절차만 언급한다.

③ 유능하고 체계적인 방법으로 어떻게 이것을 통과할 수 있는가에 대해서는 평판이 좋은 주문 이행 회사와 협력하는 것이 합리적이다. 그리고 이것이 왜 이것이 모든 기술적 문제를 해결하는 것이냐 하면 몇 가지 위험 수준이 있다. 운송 중 상품 손실을 완화하기 위해 배송 추적 서비스를 구매해야 하는 더 많은 이유이다.

2) 무역업 창업

(1) 창업의 규모 결정

① 소상공인

소기업 중 상시 근로자 수가 5명 미만(광업·제조업·건설업이나 운수업의 경우 10명 미만)인 사업자(「소상공인 기본법」 제2조 제1항 및 「소상공인 기본법 시행령」 제3조 제1항 참조)

② 소기업

「중소기업기본법」에 따른 중소기업 중 해당 기업이 영위하는 주된 업종별 평균 매출액 등이 「중소기업기본법 시행령」 별표 3의 기준에 맞는 기업(「중소기업기본법」 제2조 제2항 및 「중소기업기본법 시행령」 제8조 제1항)

③ 중기업

「중소기업기본법」에 따른 중소기업 중 소기업을 제외한 기업(「중소기업기본법」 제2조 제2항 및 「중소기업기본법 시행령」 제8조 제2항)

(2) 설립절차

① 소상공인의 경우

소상공인은 ① 사업장 담당 세무서장에게 사업자등록을 신청하고(「부가가치세법」 제8조 제1항), ②

무역업 고유번호를 받은 후 사업을 하면 됩니다(「대외무역법 시행령」 제21조 제1항 제1호).

② 중소기업의 경우

중소기업은 ① 당사자의 영업소 소재지를 담당하는 등기사무 담당 지방법원, 그 지원(支院) 또는 등기소에 설립등기를 하고(「상업등기법」 제4조), ② 담당 세무서에 사업자등록(법인 설립신고 포함)을 한 후(「법인세법」 제109조 제1항 및 제111조), ③ 무역업 고유번호를 받아 사업을 하면 됩니다(「대외무역법 시행령」 제21조 제1항 제1호).

3) 수출 절차도

(1) 수출 절차도

단계	내용
① 수출계약 체결	가. 거래처발굴 및 신용조사가 계약 전 진행되어야 함 나. 계약조건(품질, 수량, 포장, 가격, 보험, 선적, 결제, 이의제기)의 확인
② 신용장 수령	가. 신용장: 신용장통일규칙(UCP)에 따름 나. 송금결제방식, 추심결제방식에 의한 수출대금 결제도 있음
③ 수출허가 또는 승인	가. 수출 자유화 원칙 나. 멸종위기, 전략물자, 플랜트, 일시수출품, 유해 폐기물 등의 수출 허가, 승인 또는 신고
④ 무역금융의 이용	가. 한국수출입은행, 한국무역협회, 외국환은행 등의 지원 나. 내국신용장 발행: 수입업자의 신용장을 담보로 발행하는 어음
⑤ 운송 및 보험계약 체결	가. 해상운송: 선하 증권(유가증권의 효력) 나. 항공운송: 항공화물운송장(단순한 화물운송장) 다. 복합운송: 복합운송증권
⑥ 통관 및 선적	가. 정식통관절차: 물품 소재지를 담당하는 세관장에게 수출신고 나. 간이통관절차: 특별한 물품만 서류제출만으로 수출신고
⑦ 무역 분쟁 및 해결	가. 조정절차: 강제성이 없고, 재판상 화해와 같은 효력 나. 중재절차: 강제성이 있고, 법원의 확정판결과 같은 효력

[표 4-1] 수출 절차도

(2) 수출 시장의 식별

① 우선, 접근 방식은 수출 업체마다 다르다. 그러나 처리하려는 제품이 상업적으로 실행 가능한지 알아야 한다. 한편, 사업계획으로 좁히기 전에 시장조사를 해야 한다.

② 현실적인 수출 기회는 수출업자에게 경제 성장과 건전한 수익성을 가져오는 기회이다. 또 제품이 경쟁 업체의 제품과 어떻게 비교되는지에 대한 포괄적인 설명이 필요하다. 더 나아가서 모든 배경 점검을 통해 브랜딩, 마케팅 전략 및 물류를 처리하는 방법을 인식해야 한다.

③ 고려해야 할 전제 조건은 시장 규모이다. 그러나 시장 평가는 어떻게 하는가? 특정 상품의 현재 동향을 살펴보아야 한다. 잠재적 구매자의 대략적인 추정치를 결정하기 위한 성능 및 수요가 포함된다. 매우 흥미로워서, 확실하고 확실한 수출 통계 데이터를 얻는 것은 매우 수월하다.

④ 이러한 정보를 사용하여 인구 통계를 알게 된다. 특히 제품이 잘 작동하고 있는지 이해할 수 있다. 한편, 어느 국가가 정확하고 무역 장벽이 지나치게 제한적인지 알아야 한다. 높은 관세로 타격을 받으면 소비자 수가 줄어드는 것이 분명하다. 불행하게도 병은 가격을 조금 더 높게 설정해야 한다.

⑤ 온라인에서 눈에 띄는 잠재력이 있으며 이는 심각한 구매자를 찾는 데 도움이 되는 최고의 채널이다. 제조업체 및 산매 업체는 다음을 활용할 수 있다. 전자 상거래 같은 소매 플랫폼 아마존, Alibaba, eBay는 수출 기회를 제공한다.

4) 외국 구매자와의 소통

① 시도하고 테스트한 전략을 사용하는 경우에만 수출 계획에 어려움이 없어야 한다. 수출 능력을 확장하는 한 가지 쉬운 방법은 현지 구매자의 주문을 이행하는 것이다. 그런 다음이 제품을 다른 국가로 내보내고 그로부터 이익을 얻는다. 이것은 쉽게 내 여백을 크게 줄인다. 또는 구매자와 직접 협력할 기회가 있다. 그러나 모든 지루한 프로세스를 고려하면 이는 매우 어려운 경향이 있다고 한다. 최고의 수출 채널 솔루션을 결정하는 동안 다음 두 가지 사항이 적용된다.

가. 어느 주문 처리 서비스 비즈니스 방식으로 제품을 포장하여 제품의 브랜드를 개선하는 데 도움이 되는가? 일관된 구매자를 활용해야 한다.

나. 가장 실용적인 수출 관리 회사 (에이전트)를 찾아야 한다. 세계적인 창고 시설을 제공하는 곳.

② 협상 가능한 수수료로 잠재 구매자에게 표본을 제공하는 수출 판매담당자가 있다는 점은 주목할 가치가 있다. 성과를 분석하기 위해 비즈니스를 수행하기 전에 먼저 레코드를 살펴보는 것이 중요하다.

③ 더욱 중요한 것은 포장과 같은 문제를 처리해야 한다는 것이다. 브랜드의 모든 항목에 정밀하게 레이블을 지정한다. 외국 시장에 진출하기 전에 고려해야 할 유용한 단계이다. 또한, 모든 국제 정책을 준수해야 한다. 그 옆으로 보증 모든 제품에 포함되어야 한다.

④ 일반적으로 구매자는 수출자가 제품의 조건을 보증할 것을 기대한다. 따라서 보증 범위에 주의를 기울여야 한다.

5) 수출 법률 문서

① 수출 법은 담당 지역마다 다르다. 당국에 곤경에 빠지지 않도록 모든 법적 절차를 숙지하는 것이 현명하다. 수출 산업의 표준 관행으로서, 규정 준수는 항상 완벽한 수출 사업을 향한 움직임이다.

② 모든 걸림돌을 피하고자, 국가의 관습을 이해하고 모든 수출 관세 및 세금에 대해 더 깊은 일관성을 유지하기를 원한다. 일반적으로 관련 담당자는 모든 처리가 완료될 때까지 세관 지역에서 상용 제품을 임시 보관한다.

③ 다행히 수출업자가 고객의 요구를 충족시키는 데 도움을 주는 화물 운송업자가 많이 있다. 모든 거래를 인증하는 적절한 문서를 식별하는 데 도움이 된다. 이것은 수출하는 국가와 물품이 어디로 가는지에 따라 다르다. 가장 일반적인 문서는 다음과 같다.

가. 원산지 증명서

국제적으로 상품을 판매하는 수출업자로서, 이 문서를 사용하여 원산지를 확인한다. 이 문서는 지역 상공 회의소의 승인을 받아야 한다.

나. 선하 증권

수출 업체는 운송 업체 (운송 회사)가 문서를 발행하여 상품이 화물로 수취 되어 수취인 (구매자)에게 양도되고 있음을 인정한다. 이는 운송 계약이 존재하고 다음 세부 사항을 기록한다는 결정적인 증거로 작용한다.

- 수출자 이름
- 운송 회사의 이름
- 운임 및 무게
- 국적의 국기
- 상품 설명

다양한 종류의 선하 증권이 있다는 것은 매우 중요하다. 있다. 항공화물 운송장 협상할 수 없으며 항공으로 발송되는 발송물에 사용된다. 운송 업체의 B / L은 협상 가능하며 상품이 운송되는 동안 판매 또는 구매할 수 있다. 해상 선하 증권은 해상운송에 사용된다. 스트레이트 B / L은 협상할 수 없으며 구매자의 이름으로만 발송된다.

다. 상업 송장

이것은 수출업자에서 구매자에게 청구서이다. 그것은 상품의 정확한 가치를 포착한다. 이 금액은 관세를 계산하는 데 사용된다. 일반적으로 송장 수량, 통화, 필요한 인증서, 원산지 국가 (수출 업체 / 제조업체) 및 인증된 수출 업체 서명이 있어야 한다.

라. 검사 증명서

이것은 타사에서 제공한다. 수출 업체가 설명과 일치하고 판매 가능한 품질의 상품을 판매하고 있음을 확인한다.

마. 보험증

이는 구매자의 상품이 손상이나 손실에 대해 보험이 된다는 증거로 작용하는 정책과 비슷하다. 불확실한 경우 수출업자의 책임에서 제외된다.

6) 수출 가격

운송 회사는 일반적으로 정확한 가격 계산기를 가지고 있다. 말 그대로 가격을 결정하는 중요한 요소가 있다. 비용 중심 접근 방식은 대부분의 수출 업체가 사용하는 일반적인 전략이다. 다음 요소의 비용을 추정한다.

가. 관세

나. 화물 및 보험

다. 외국 에이전트를 위한 수수료

라. 수출 서류 처리 수수료

마. 주문 처리 서비스 수수료

모든 것을 한눈에 파악하려면 모든 수출 비용을 기준으로 최종 구매자에게 얼마를 청구해야 하는지 시장조사를 해야 한다.

(1) 지급 방법

지급 사전에 완료하거나 신뢰할 수 있는 외국 구매자에게 신용을 제공한다. 이것은 상업 은행의 신용 금융 시설을 통해 가능하다. 송금은 은행 송금, 수표 또는 신용카드 거래를 통해 수출업자에게 송금할 수 있다.

신용장 수출 사업에도 널리 사용된다. 은행은 모든 선적 서류를 확인하여 지급을 보장한다.

(2) 관련된 위험

사업 전체를 둘러싼 재정적 위험이 있다. 지급 지연 또는 상품 손상과 같은 문제는 매우 실망스러울 수 있다. 수출 시장에서 도난 및 사기와 같은 사기 행위가 발생하기 쉽다. 또한, 다른 국가에서 설정한 요구 사항을 충족시키기 위해 제품 표준을 개선하는 데 비용이 더 나갈수 있다.

3 브랜드샵과 로드샵

1) 브랜드샵과 로드샵

① 주요 상권에 밀집된 미샤, 더페이스샵, 아리따움 등 화장품을 전문적으로 판매를 하는 소매점포의 명칭이 브랜드샵 또는 길거리 직영점으로 혼재되어 소비자들 사이에 사용하고 있다. 어떠한 명칭이 맞는 것일까? 결론은 둘 다 맞다. 로드샵이란 길거리를 따라서 진열장을 갖춘 매장의 총칭이며 브랜드숍은 특정 브랜드만을 취급하는 길거리 직영점을 말한다.

② 우리나라 화장품 메스 유통채널은 80년대에 들어서면서 OOO 화장품 할 안쪽 란 간판을 내건 소매점이 이곳저곳 생기면서 열리기 시작했다. 그 전엔 화장품이 들어있는 가방을 어깨에 짊어지고 가가호호를 방문해 판매하는 소위 화장품 아줌마에 의해서 방문판매가 시장의 90% 이상을 차지했다. LG의 주도로 열린 화장품의 할인코너 시장은 90년 아모레퍼시픽이 본격적으로 진입한 것을 계기로 화장품 전문점이라는 이름으로 대체되면서 메스 시장을 무섭게 파고들기 시작했다. 화장품 전문점 시장은 2000년 전후로 화장품 시장의 90% 가까이 차지할 정도로 최고전성기를 오랫동안 유지 했으나 연중무휴로 30~50% 할인 판매를 하는데 염증을 느꼈던 소비자들의 이탈로 그 후 내림세를 걷기 시작했다.

③ 이런 시장 상황에서 2003년 초저가 기치를 내걸고 맑고 깨끗한 매장 이미지를 앞세워 출현하게 된 국내 최초의 화장품 브랜드숍 미샤는 선풍적인 인기를 끌면서 메스 시장의 판도 변화를 예고했다. 2004년 더페이스샵이 그 뒤를 이었고 스킨푸드, 잇츠스킨, 에뛰드하우스, 이니스프리 등이 가세하면서 브랜드숍들이 전성시대를 맞이했다.

④ 브랜드샵이 기존의 화장품 전문점을 대체하기 시작해 주요 상권의 길거리 직영점은 브랜드숍이 장악했으며 급기야 핵심 상권에서의 전문점은 자취를 감추게 되었다.

⑤ 현재 이 같은 브랜드숍은 미용 플렉스와 뷰티크레딧 등등 여러 회사의 브랜드를 같이 판매하는 멀티 브랜드숍과 더 페이스샵, 에뛰드하우스, 스킨푸드, 미샤, 이니스프리, 아리따움 그리고 2009년 8월 새로 출범하게 된 더샘 등 자세 브랜드만 취급을 하는 단독 브랜드숍으로 형태를 다소 달리하고 있다. 따라서 화장품 길거리 직영점은 멀티 및 단독 브랜드숍과 전문점 등 3가지 유형으로 크게 나뉜다.

⑥ 화장품 업계에서는 현재까지 새로 탄생한 유통채널 명칭을 000 브랜드샵으로 통용하고 있고 여기에 대해 누구도 이의를 제기하지 않고 있다. 하지만 대다수 소비자는 업계 관계자들과는 사뭇 다르게 000 브랜드숍이 아닌 000 로드 가게라고 부르고 있어서 업계와 소비자간 다소의 시각차를 보인다. 실제로 국내 유명 포탈 사이트에 접속해 보면 000 브랜드숍이라는 용어보다는 000 길거리 직영점으로 통용되고 있다.

4 백화점

1) 백화점의 마케팅

1929년 일본의 미쓰코시 백화점이 일제 치하의 서울에 진출한 미쓰코시 경성지점이 국내 최초의 백화점이다. 한·일의 합방 이전에 조선에 체류하고 있는 일본인을 대상으로 한 통신판매업체였지만, 조선에 머무는 일본인들이 늘어나면서 백화점으로 정식 승격하였다. 1년 뒤 국내에서 최초로 명동에 신세계 백화점이 지어졌는데 일본인 손으로 건설되었다는 점이다. 유감스럽지만, 매우 중요한 점포로 자리를 잡게 된다. 백화점은 안 보이는 속임수를 이용해 소비 욕구를 한층 더 강화되는 마케팅 전략을 펼치고 있다고 한다. 그 이유는 고객을 오랫동안 머물게 하여 소비를 더 많이 유도하려는 마케팅 전략을 쓰고 있기 때문이다. 과연 어떤 전략을 쓰고 있는 것일까?

(1) 1층 매장

① 먼저 1층, 1층에 있는 제품들은 대개 사람들의 시선에 가장 잘 띄고, 쉽게 접할 수 있도록 가까운 공간에 진열되어 있다. 장신구나 화장품, 넥타이, 구두, 지갑, 향수 등 사람들이 일상생활에서 많이 찾는 제품이다. 특히 1층은 수요의 가격탄력성이 가장 좋은 상품들로 구성된 경우가 많다.

② 재화 가격이 오르고 내리는 것에 따라서 수요량이 얼마나 민감하게 반응을 하는지 설명해주는 것인데 수요 가격의 탄력성이 크다는 것은 가격이 조금만 변해도 수요량이 크게 요동칠 수 있다는 것을 의미한다. 백화점으로서는 수요의 가격 탄력성이 큰 상품들의 매출 민감도를 최대한 줄여야 한다.

③ 접근성이 가장 높은 곳에 이런 상품들을 최대한 많이 노출함으로써 가격 민감도와 관련된 손실을 피하고자 1층을 이같이 구성하는 경우가 많다고 한다.

(2) 2층 매장

① 2층도 역시 수요의 가격 탄력성이 좋은 상품들로 주로 구성한다. 그래서인지 여성용 상품은 입구와 더욱 가까운 아래층에 진열하는데, 특히 여성 의류 가운데서도 사치품에 속해있는 정장의 경우에는 일상복보다 접근성이 좋은 2층에 진열한다. 재밌는 것은 여성복 판매대에는 휴식용 소파나 의자가 있고, 남성복 판매대에는 이것이 없다는 것이다.

② 여성들은 쇼핑을 오래 하는 편이기 그 때문에 쇼핑하면에서 쉴 공간이 필요하다. 잠시 쉬어가면서 오랫동안 백화점에서 쇼핑하라는 의미에서 이런 휴식용 소파나 의자들을 마련해두는 것이다.

(3) 백화점 식당

식당은 가격의 탄력성 낮은 편이기에 다른 매장에 비해 편하지 않은 곳에 배치해도 상관없다. 어쨌든 음식은 먹어야 하므로, 어느 곳에 있건 방문한다는 특성이 있기 때문이다.

다만 전망을 고려해 최상층에는 고급스러운 느낌의 식당들을, 지하에는 비교적 저렴한 식당들을 배치하는 편이다.

(4) 음악

백화점에 나오는 음악도 하나의 마케팅 전략수단이다. 여유로운 오전 시간에는 잔잔한 클래식을 틀어서 고객들이 편안한 마음을 느끼게 해 쇼핑을 도와주고 오후 시간에는 경쾌하고 템포가 높은 음악을 틀어 더욱 집중 있게 쇼핑을 하고, 제품을 선택 할 수 있도록 고객의 분위기를 맞춘다.

(5) 그 밖의 전략

① 엘리베이터와 화장실

엘리베이터와 화장실은 눈에 안 띄는 곳에 있다. 엘리베이터도 백화점에 방문하면 엘리베이터는 거의 찾기 힘든 곳에 있다. 이 또한 백화점의 전략이다.

손님들이 바로 목적한 층으로 가지 말고, 중앙의 에스컬레이터를 이용해 전시상품을 천천히 전부 보도록 동선을 구성해놓는다. 전에는 에스컬레이터가 올라가는 방향은 올라가는 동선으로 내려가는 방향은 내려가는 동선으로만 구성했다. 그러나 요즘에는 작게나마 머리를 써서 그 층 매장을 돌아 반대 방향으로 가야 에스컬레이터를 타고 올라가게 구성해놓는 백화점도 있다. 에스컬레이터를 타고 올라가기 위해서 매장을 돌다 보면 없었던 구매 욕구도 자극할 수 있기 때문이다. 화장실을 최대한 보이지 않게 배치하는 것도 같은 맥락이라고 한다.

② 시계와 창문

백화점에는 시계나 창문이 없다. 망각효과를 이용하여 심리적 마케팅으로 이는 대수롭게 느끼지만, 시간이 가는줄 모르고 쇼핑을 하게 하는 효과가 있다. 바깥과 단절시키고 시간을 모르게 함으로 쇼핑에 집중시키는 것이다.

5 면세점

1) 면세점의 특징

(1) 면세점의 특징

물건에 세금(주세, 소비세, 수입품의 관세 등)을 안 부치고 판매하는 상점이다. 세금이 안 붙기에 그 만큼 가격이 저렴해진다는 것이 장점으로 볼 수 있다. 이렇게 산 제품을 면세품이라고 하며 기본적인 파는 방식과 판매하는 물건 종류는 백화점과 비슷하기도 하지만, 물건에 세금이 붙지 않는 것과 출국예정자만 구매할 수 있고 구매 한도가 있다는 점이 큰 차이점이다.

(2) 면세점의 의미

① 면세점은 관세법 제154조의 보세판매장에 관한 규정을 준용하고 같은 의미로 보세판매장이란 용어와 혼용하여 사용된다.

② 면세점은 외화의 획득이나 외국인 여행자의 편의도모를 위하여 공항 대기실이나 시중에 설치된 비과세 상점으로 외교관 출국장면세점, 시내면세점, 면세점, 귀금속류 면세점으로 구분되며 제주특별자치도의 경우에는 특별법에 따라 내국인 면세점을 운영하고 있다. 보세구역은 지정보세구역, 특허보세구역, 종합 보세구역으로 구분되며, 특허보세구역은 보세창고, 보세공장, 보세전시장, 보세건설장, 보세판매장으로 구분한다.

③ 면세산업은 국가가 징세권을 유보하여 독점적 법적 지위를 보장하는 특허사업으로 공익성이나 공공성, 국가 규제의 적법・정당성을 지닌다.

④ 또한, 외래관광객 유치와 수출의 의미로 외화획득, 내국인 외화유출의 방지를 위한 해외소비를 국내소비로 전환 등의 정책적 의미가 있다.

2) 면세점의 역사

① 최초의 면세점은 아일랜드의 브랜든 오리건이 1947년 섀넌 공항에 만든 면세점이다. 이 면세점은 지금까지 존재한다. 당시에는 북미에서 유럽으로 도착하는 항공기들이 항속거리 관계로 급유를 위해서 섀넌 공항에 중도 착륙하기도 하였는데 이렇게 체류하는 승객이 50만 명에 달했다. 이를 확인한 오리건은 이미 외국에서 출국 절차를 마친 승객들이 환승을 위해서 아일랜드에 입국을 하지 않은 채 맞이방에서 무료한 시간을 죽이고 있는 것을 보고는 이미 다른 나라를 떠나서 출국을 완료했고 다른 나라

에 입국도 하지 않은 상태에서 상품을 구매하게 된다면 어디에 세금을 내야 할까라는 의구심을 가지게 되었고, 만약 뭔가 구입하게 된다면, 이미 떠난 나라나 아직 입국을 하지 않은 나라에 모두 세금을 내는 것은 부당하다라는 결론에 이르게 되었다.

② 결국 오리건은 이 면세점 사업이 큰 노다지가 될 것이라는 생각을 하여 아일랜드 정부를 설득하여 결국 기내에서 물론 공항 출발 승객과 환승객들이 공항에서 물품을 살 때도 일반 관세를 면제받았다.

③ 이후 1960년 미국의 찰스 피니와 로버트 밀러가 면세점 사업이 큰 수익을 가져올 것이라는 점을 알았으며 DFS를 창업하게 되었고 이 DFS가 현재 세계의 면세점 시장에서 1위를 하고있는 DFS 갤러리아의 모체가 된다. 유럽과 북미 환승객들을 대상으로 원래 기획이 되었던 면세점 아이디어는 큰 대박을 터트리게 되었고 순식간에 세계로 퍼져나간 것이다.

3) 면세점의 특성

(1) 특허사업

통신이나 LPG 충전소과 같은 강학상 특허 때문에 사업자가 선정되므로 영업의 자유에 대한 직접적 제한도 법적으로 가능하다.

(2) 임대사업

비중이 많은 출국장면세점의 경우, 7년을 주기로 경쟁 입찰을 진행해 사업자를 재선정한다.

(3) 규모의 경제

상품매입자금, 초기 운전자금, 임차보증금, 실내장식 등에 대규모 초기투자가 필요하며, 판매 상품을 사업자가 직접적으로 매입하는 방식이므로 규모의 경제를 통해진 협상력 제고 및 매입의 단가 인하, 명품 등 유명한 브랜드 유치 등에서도 대기업과 중소기업 간의 격차가 크다.

(4) 국제경쟁

출국장면세점의 경우, 외국 기업의 입찰 참여가 가능하고 중소기업・중견기업으로 입찰을 제한하는 구역의 경우에는 외국계 기업의 우회 진출이 가능하여 역차별 문제가 발생한다.

4) 세계 면세판매 국가 순위 및 시장 점유율

순위	국가	2012년 대비 증감		시장 점유율
		USD환산	현지 통화	
1	대한민국	8.9%	5.4%	10.5%
2	중국	23.5%	21.4%	7%
3	미국	18.9%	18.9%	5.9%
4	영국	1.3%	2.7%	5.5%
5	홍콩	7.7%	7.7%	4.9%
6	독일	2.3%	-0.9%	4.7%
7	아랍에미리트	16.1%	16.1%	4.1%
8	터키	7.7%	13.6%	3.5%
9	싱가포르	9.6%	9.8%	3%
10	태국	38.7%	37.4%	2.8%
11	프랑스	12.9%	9.4%	2.4%
12	일본	-3.6%	17.5%	1.8%
13	러시아	14.7%	18.1%	1.8%
14	대만	0.6%	1.1%	1.8%
15	브라질	1.4%	12.4%	1.7%
16	노르웨이	4.3%	5.4%	1.7%
17	스페인	7.6%	4.2%	1.6%
18	이집트	2.6%	17.4%	1.5%
19	버진아일랜드(미국령)	-9.1%	-9.1%	1.5%
20	에스토니아	1.1%	1.3%	1.2%
21	덴마크	3.5%	0.4%	1.1%
22	이탈리아	5.5%	2.2%	1%
23	네덜란드	-0.5%	-3.6%	1%
24	마카오	31.3%	36.4%	1%
25	오스트레일리아	-3.5%	3.3%	1%
	기타 국가	2.4%	3.2%	25.9%
	세계 총계	7.5%	8.3%	

◆ [표 4-2] 세계 면세판매 국가 순위 및 시장 점유율 ◆

세계 면세판매 국가 순위 및 시장 점유율을 나타낸 것으로 2012년 대비 증감률을 살펴보면 USD 환산 기준의 상승률이 현지 통화 기준 상승률보다 높은데 이는 2013년 미 달러에 대한 원화의 평가절상에 기인한 것이다.

5) 국내 면세점 시장의 현안

① (독과점) 신라 · 롯데 등 대기업이 면세시장의 80% 이상 점유할 정도로 독과점시장을 형성하고 있기도 하며 글로벌 면세점 기업들 매출의 대부분 세계시장진출을 통해 이루어지는 것에 비해서 국내 시장에서 대부분 매출이 이루어진다.

② (공공성 부족) 면세점 사업은 각종 세금이 면제되는 산업으로써 사업매출의 공익적 기여가 이루어져야 하지만, 사업기회의 공정한 배분과 사업이익의 공정한 배분 또 사업 이외의 부분의 공익 창출에 있어서 매우 미진한 형국을 보인다.

6) 이용방법

① 면세점은 일반적으로 출국 절차를 마친 여행객들을 대상만 들어갈 수 있는 공항이나 항만 출국장에 설치되어 있다. 탑승 절차와 보안 검색을 거쳐 출국 심사까지 마무리되면 면세구역에 면세점이 있을 것이다. 항공기나 선박이 출발하기 전까지 면세점에 들어간 후 사고 싶은 물건을 구매하면 된다. 공항/항만에 가기 전 시내에 있는 면세점에서 구매하거나 인터넷면세점을 이용해도 되지만, 이 경우 살 때 여권과 항공권이 필요하다. 물건을 바로 받을 수 없고 출국 일정에 맞춰 공항의 면세품 인도장에서 찾을 수 있다.

② 국제공항/항만에 있는 면세점에서의 신용카드 및 체크카드 사용은 국내의 일반 매장에 따라 사용할 수 있다. 다만 면세점 이용하는 것의 자체가 투명한 금전거래를 수반하게 될 수밖에 없는(여권번호를 확인하며 모든 거래가 기명식이다.) 거래이므로 2019년 2월 부터 동일 목표를 지향하는 정책상의 혜택인 신용카드 소득공제는 불가능하며 현금영수증의 발행 대상에서도 제외된다.

7) 인터넷면세점

① 인터넷에서 상품을 예약하고 결제를 완료하면 출국을 할 때 공항이나 항만의 인도장을 통해서 면세품을 인도받는 형태의 면세점이다. 인터넷면세점을 이용하면 오프라인 면세점보다 더욱 저렴하게 면세품을 살 수 있다. 여행사 같은 곳은 오프라인 면세점 쿠폰을 제공하는데 이 쿠폰은 대부분이 일정 금

액 이상 구매 시에 사용할 수 있으며 많은 금액을 구매할 소비자가 아니면 사용하기가 힘들어 거의 할인 혜택이 없다고 봐도 좋다. 하지만 인터넷면세점의 경우에는 모든 회사에서 적립금을 나누어주는 수준이라서 저렴한 면세품을 더더욱 저렴하게 살 수 있게 된다. 특히 살 면세점의 개수가 많으면 여러 인터넷면세점에서 각각의 적립금을 받아 사는 것이 이득이다. 인터넷면세점에서 주문을 한 후, 출국 공항 내의 면세점 인도장으로 가서 받는 방식이다. 출국할 때 꼭 인도받아야 하고 입국 시 수령이 불가하다. 인터넷면세점도 단점은 있다. 화장품같이 사용감이나 발색이 중요한 제품들은 테스트를 하지 못한다. 하지만 가격 측면 장점이 있기 때문에 원래 사용하던 제품이나 알고 있는 제품을 구매할 때 인터넷면세점을 눈여겨볼 필요가 있다.

② 술과 담배는 법령상 통신판매가 불가하므로 인터넷면세점에서 판매하지 않는다. 공항의 출국장에 오프라인 면세점이나 기내면세점을 이용해야 한다. 하지만 대부분의 인터넷면세점에서 오프라인의 면세점에서 사용 가능한 쿠폰 등 혜택들을 챙겨주기 때문에 주류를 구매하기 전에는 인터넷면세점을 먼저 들르는 것이 바람직하다.

6 홈쇼핑

1) 현시대의 홈쇼핑

코로나 시대에 비대면 판매 채널인 홈쇼핑이 잘 된다는 소리가 여기저기서 나온다. 정황만 놓고 보면 밖에 나갈 수가 없으니 집에서 간편하게 구매할 수 있는 홈쇼핑이 당연히 잘 될 것이다.

① 식품이나 주거 등 생활에 밀접한 카테고리의 경우에는 거래량이 많이 증가했지만, 패션은 그만큼 따라가지는 못한 것으로 나타났다. 패션 기준 홈쇼핑 매출은 채널과 업체별로 편차는 있겠지만 전반적으로 상반기 많게는 두 배, 적게는 5~10% 이상 거래량이 늘기는 했다.

② 그러나 일부 중소 업체는 올해 매출 목표를 전년 대비 3배 이상으로 잡고 있기도 하다. 코웰패션의 경우 2분기 영업이익이 10%를 넘었다. 홈쇼핑 업체들의 평균 영업이익률이 3~4%대인 것을 고려하면, 엄청난 수치다. 코웰패션이 특수한 상황에서 일궈낸 실적이기는 하지만, 홈쇼핑 거래량 증가를 바로 보여주는 데이터이기도 하다. 잘 되고 있다는 소문처럼 홈쇼핑은 정말 잘되고 있는 것일까.

2) 홈쇼핑의 르네상스 시대

① 홈쇼핑은 2016년부터 현재까지 르네상스 시기라 불릴 정도로 성장세가 이어졌다. 홈쇼핑 채널들은 다양한 판매전략과 깊이 있는 상품 구성 등으로 전성기를 만들어냈다.

② TV라는 매개체를 통해 방송을 보면서 제품을 바로 구매할 수 있는 플랫폼인 홈쇼핑은 말 그대로 집에서 제품을 구매하는 유통채널이다. 초기 홈쇼핑에서는 가전제품 위주로 판매했다. 이후 온라인몰 등의 가세로 가전에 대한 수요가 줄어들기 시작하면서 홈쇼핑의 메인 판매 아이템은 점차 바뀌었다.

③ 현재 홈쇼핑 시장 규모는 거래액 기준 약 10조 원으로 추정된다. 2015년 5조 원이었던 것이 5년 새 2배 이상 성장한 것이다. 코로나 이전, 홈쇼핑 시장의 성장은 온라인 쇼핑의 성장 추세와 맥을 같이 한다.

④ 온라인에서의 구매가 증가한 것과 같이 홈쇼핑도 함께 거래액이 증가했다. 물론 온라인 유통의 성장세나 시장 규모에는 미치지 못하지만, 도태되지 않고 살아남아 한 축을 이루고 있다.

⑤ 전체 홈쇼핑 시장 10조 원 중 패션이 차지하는 비중은 약 30% 안팎으로 분석된다. 패션에서는 속옷을 비롯해 여성복, 스포츠 등 의류와 기타 잡화 등이 대부분을 차지한다.

3) 유선 방송비용

① 라이브 홈쇼핑 채널들의 가장 큰 부담은 유선 방송비용이다. 인건비와 함께 지출의 상당 부분을 차지하고 있는 유선 방송비용은 날이 갈수록 증가하고 있다. 업체들은 유선 방송비용의 부담이 커질수록 결국에는 업체들에 그 부담이 전가되지 않을까 우려하고 있다. 현재 홈쇼핑 수수료는 판매금액의 44~45% 수준이다. 다소 높기는 하지만 홈쇼핑의 이 같은 수익구조 때문에 어쩔 수 없는 부분이기도 하다. 업체로서는 홈쇼핑 수수료, 생산비, 배송비 등을 고려할 때 수익률이 3~4% 수준인 것도 충분히 이해가 되는 대목이다.

② 다른 하나의 부담은 재고이다. 주문량 대비 실제 구매로 이어지는 비율을 전환율이라고 하는데, 전환율이 높아야 홈쇼핑 브랜드들이 일정 수준의 수익을 낼 수 있다. 간단한 예로 여성 고객들의 경우 전환율이 40% 남성 고객들은 60% 수준으로, 그만큼 여성보다 남성들이 반품하지 않는 것을 데이터로 알 수 있다.

③ 전환율이 50%라고 한다면 재고 역시 50%가 된다. 1만 장을 만들어 방송했다면 5천 장이 고스란히 재고로 남게 된다. 다시 방송하는 때도 있지만 같은 품목으로 재방송을 하기는 쉽지 않다. 홈쇼핑 채널은 이 같은 업체들의 재고 부담을 줄이기 위해 사입의 형태로 진행하기도 하지만 비중이 그리 높지 않다.

4) 코로나의 장기화로 줄어든 패션 수요

① 코로나가 장기화하면서 되레 홈쇼핑 채널에서 패션의 인기는 점점 떨어지고 있다. 카테고리별 편차도 심해지고 있다. 예를 들어 여성 정장이나 남성 셔츠 등의 아이템은 외부 활동이 줄어들게 되면서 방송이 급격히 줄어들었다.

② 코로나와 함께 장마가 이어지고 된더위가 뒤따르면서 패션에 대한 전반적인 관심이 떨어지고 있다. 이는 비단 홈쇼핑만의 상황은 아니다. 전체적으로 유통의 흐름과 맥을 같이하고 있지만, 홈쇼핑만으로 보면 식품·생활용품의 인기에 비해 패션은 상대적으로 내림세에 접어들고 있다.

③ 홈쇼핑 업체들도 단순히 홈쇼핑이라는 판매 채널에 대한 전략보다는 포스트 코로나 시대에 어떻게 대비해야 할지 거시적인 시점에서 대책을 마련하고 있다. 전체적인 패션 경향 안에서 홈쇼핑은 새로운 전략을 세워나가고 있다.

5) 녹화 방송 티커머스의 등장

① 홈쇼핑은 라이브 방송 중심이지만 녹화 방송을 진행하는 티커머스 채널들이 속속 등장하면서 홈쇼핑 시장의 성장을 가속했다.

② 라이브 방송을 하는 홈쇼핑 기업은 현재 7개, 녹화 방송으로 진행되는 티커머스 플랫폼은 12개 안팎이다. 라이브 방송 채널 중 롯데홈쇼핑, CJ오쇼핑, 현대홈쇼핑, GS홈쇼핑이 상위 4대 브랜드로 자리 잡고 있으며 홈앤쇼핑, 공영쇼핑, NS홈쇼핑 등이 라이브 방송을 하고 있다. 티커머스 플랫폼으로는 SK 상점, K 쇼핑, 신세계쇼핑, 쇼핑엔티, W 쇼핑 등이 있다.

③ 티커머스 유통에서는 SK 상점, 케이쇼핑 2개 방송사가 절반 이상의 점유율을 차지하고 있다. 현재 거래액은 티커머스 보다 라이브 쇼핑이 3배 이상 높은 것으로 알려졌다. 중요 시간대인 저녁 시간, 드라마가 끝나고 채널이 돌아가는 재핑 타임의 경우 1시간에 10억 원의 매출을 올려야 손익이 난다. 반품 규율을 평균 50%로 잡고 있으므로 4~5억 원의 제품이 실질적으로 판매돼야 한다.

6) 모바일로의 전환

① 최근 몇 년 사이 홈쇼핑 구매를 해 보지 않았다면, 몰랐을 사실 중 하나는 방송을 보며 구매를 결정한 후에 전화로 주문하는 것이 아닌 모바일로 주문이 이뤄진다는 것이다.

② 홈쇼핑협회의 자료에 의하면 현재 홈쇼핑 거래 중 전화 주문으로 이뤄지는 비중은 약 10% 미만이다. 나머지는 모두 각각의 홈쇼핑 앱이나 웹사이트를 통해 주문이 이뤄진다.

③ 소비자가 실시간으로 보고 있는 방송의 제품이 그대로 모바일에 제공되며, 온라인에서 바로 주문할 수 있기 때문이다. 과거 전화로 주문하는 경우 주소나 주문 명세 등 정보가 잘못 입력되는 경우가 많았지만, 모바일로 전환되면서 이러한 오류는 대부분 사라진 지 오래다. 이처럼 홈쇼핑의 전자 상거래 구매가 가능해지면서 주문이 쉬워진 것도 매출 신장에 한몫하였다.

④ 홈쇼핑의 큰 장점 중 하나는 반품 비용이 무료라는 것이다. 반품 비용이 없으므로 부담 없이 구매할 수 있고, 구매했다가도 단순 변심으로 인한 반품도 공짜로 할 수 있기 때문이다.

7) 홈쇼핑의 강점 큐레이팅

① 온라인쇼핑몰과 비교했을 때 홈쇼핑의 강점은 제품에 대한 큐레이팅이 가능하다는 것이다. 이 옷은 어떤 장점과 특징이 있으며, 입었을 때 어떤 느낌인지, 내 키와 피부 색조와 어떻게 잘 어울리는지에

대해 간접 경험을 통해 정보를 전달할 수 있다. 이런 장점 덕분에 40~50대 고객들이 홈쇼핑을 통해 그 정보를 신뢰하고 제품을 구매하고 있다.

② 온라인쇼핑몰 중에서 브랜드에 대한 스토리텔링과 제품 정보를 잘 제공해 성공을 거둔 사례는 무신사이다. 무신사에 입점한 브랜드나 판매되는 제품들은 각각의 정보를 잘 포장해 전달하고 있으며 소비자들은 이 정보를 통해 구매를 결정하게 된다. 또 아이템과 카테고리별로 순위를 알려주면서 고객들이 제품을 선택하는 데 고민의 요소를 덜어주고, 요즘 잘 팔리는 아이템을 보여주는 등 판매 정보도 함께 제공한다. 이는 플랫폼에 대한 신뢰와 함께 제품을 구매하는 중요한 결정 요인이 된다.

8) 가성비

① 홈쇼핑에서 판매되는 제품은 시중 제품보다 가격이 무척 합리적이다. 홈쇼핑에서 제품을 사는 가장 큰 이유가 바로 '저렴한 가격'이기 때문이다. 대형할인점에서 여성 속옷 상·하의 세트를 아무리 저렴하게 산다 해도 2만 원 이하로는 구매하기가 어렵지만, 홈쇼핑에서는 8만 원에 5세트, 9만 원에 12세트씩 박리다매로 판매하기 때문에 장점이 있다.

② 물론 필요하지 않은 것을 다수 구매해야 한다는 단점이 있지만, 속옷의 경우에는 품목의 특수성이 있어 이러한 부담은 적은 편이다. 속옷이 홈쇼핑의 중요 시간대를 차지하고 판매율이 높은 이유는 또 있다.

③ 유명 브랜드를 라이선스로 받아 소비자들이 알만한 브랜드로 내놓기 때문에 큰 거부감 없이 브랜드에 대한 신뢰도를 그대로 이어받게 된다.

④ 코웰패션의 경우 지난해 3500억 원에 달하는 매출을 올렸다. 이중 속옷이 2000억 원, 의류가 1500억 원을 차지했다. 코웰패션이 선보이는 아디다스, 리복, 푸마 등의 남성 속옷은 그야말로 불티나게 팔려나간다.

⑤ 코웰패션과 함께 내부 의류 홈쇼핑 시장의 강자는 엠코르셋의 원더브라이다. 코웰과 원더브라 2개사의 속옷 홈쇼핑 점유율은 70%에 달한다. 나머지는 코튼클럽, 비비안, 비너스, 좋은사람들, 동경모드 등이 차지하고 있다.

9) 품질

① 홈쇼핑하면 싸고 브랜드는 남의 것이며 품질은 그다지 좋지 않을 것이라는 선입견이 있었다. 하지만 지금은 가격대비 품질이 크게 나아졌으며 재구매 비율도 점점 높아지고 있다. 홈쇼핑 업체들은 협력 브랜드들에 1순위로 요구하는 것이 바로 품질이다.

② 실제로 홈쇼핑 업체들은 품질 관리를 철저히 하고 있으며 품질에 대한 고객 이의제기에 가장 민감하다. 플랫폼에 대한 신뢰도가 중요한 만큼 판매된 제품에 문제가 생기면 이미지 타격은 고스란히 홈쇼핑 업체가 보게 되기 때문이다. 갑질도 거의 없다. 로열 시간대를 선정하는 방식도 판매 데이터를 기준으로 배정하기 때문에 불합리한 부분이 거의 없게 된다.

③ 단점은 장사가 안될 경우이다. 방송을 같은 조건에서 한다고 해도 판매량은 여러 요인에 의해 바뀔 수 있다. 그날 상품안내자의 몸 상태나, 제품에 따라, 그날 방송을 본 고객들의 취향에 따라 수십 가지의 변칙적 요소들이 존재하기 때문에 매출을 예상하기는 쉽지 않다. 따라서 매출이 안 나오면 방송을 더 많이 배정할 수 없고, 배정을 받지 못하면 재고가 남게 되며, 재고를 팔기 위해 가격을 낮추는 악수를 두게 될 수도 있다.

10) 업체들의 장악

① 홈쇼핑 시장은 대형 업체들이 장악하고 있다. 이들 업체들은 브랜드의 홈쇼핑 라이선스를 받아 직접 생산하고, 홈쇼핑 영업을 통해 좋은 시간대를 배정받아 판매한다. 가장 큰 업체는 공기업 성격의 중소기업유통센터다. 연간 매출 규모는 3천억 원 정도로 알려져 있다.

② 중소기업유통센터는 직접 방송 시간대를 조율하고 생산 업체들과 연결해 제품을 만들어 판매한다. 자금이 부족한 중소 업체들에 자금을 지원하고, 제품을 만들도록 도와주어 수익의 일정 부분을 갖는다. 업체들의 운영 방식은 대부분 대동소이하다.

③ 패션 카테고리에서 홈쇼핑을 제도권 패션기업이 직접 전개하는 경우는 많지 않다. 티비에이치글로벌, 케이에프, 동광인터내셔널, 한세엠케이, 신원 등 일상복과 여성복 중심의 중소기업이 전부이다. 나머지는 생산 업체나, 소규모 기업들이 절대다수를 차지하고 있다.

④ 삼성물산 패션 부문은 지난 4월 빈폴 스포츠 피케 티셔츠 3종을 9만9천 원에 판매하기도 했다. LF 역시 물량을 늘려 홈쇼핑 사업을 진행하고 있다. 질바이질스튜어트는 단골 아이템인 청바지로 방송을 진행하기도 했다.

⑤ 홈쇼핑 업체들은 자신들이 가진 브랜드를 라이선스로 주고 패션기업이 기획·생산·판매할 수 있도록 협력 관계를 맺기도 한다. 티비에이치글로벌은 자신들의 브랜드로 홈쇼핑을 하지 않고, 홈쇼핑 채널이 가지고 있는 브랜드를 활용해 대신 진행한다.

⑥ PB 브랜드를 가장 잘 활용하는 채널은 CJ오쇼핑이다. CJ오쇼핑은 엑셀리아, 에지 등 수많은 브랜드를 갖고 있으며 해외 명품 업체의 홈쇼핑 판매권도 따내 전용 상품을 합리적인 가격에 판매하기도 한다.

11) 홈쇼핑의 중심층

① 홈쇼핑 업체들이 젊은 고객들을 유치하기 위해 안간힘을 쓰고 있지만, 실질적으로 홈쇼핑 메인 고객은 여전히 40~60대이다. 라이브는 50~60대, 티커머스는 40~50대 중심이다.

② 50대 중에서도 여성이 대부분이다. 집 안에 있는 시간이 많고, 드라마를 좋아하고, 돌아가는 채널 중간에 나오는 매력적인 홈쇼핑 채널을 선호하기 때문이다. 또 코로나로 밖에 나가지 못하는 50~60대 고객들은 홈쇼핑에 더욱 빠져들고 있다. 코로나 이전 오프라인 매장에 나가 점주와 도란도란 이야기도 나누고, 옷도 사고했던 일들이 불가능해지면서 필요한 제품을 집에서 홈쇼핑으로 구매하는 것이다.

③ 한편 홈쇼핑 업체들은 50대 여성 고객을 유지하면서, TV 볼 시간이 없는 장점을 느끼지 못하는 남성 고객들과 함께 새로운 세대를 유입시키는 데 초점을 맞추고 있다. 홈쇼핑 채널들은 너도나도 젊은이들이 좋아할 만한 브랜드를 유치하는 데 집중하고 있다.

④ 아직도 외부 활동이 많고, 오프라인 공간의 경험을 중요시하는 MZ세대 고객들을 얼마만큼 TV 앞으로 끌어들일 수 있을지가 홈쇼핑 업체들의 가장 큰 고민이 되고 있다.

12) 홈쇼핑의 콘텐츠

① 홈쇼핑이 주목을 받았던 5년 전은 메르스가 창궐했던 시기와 맞물린다. 코로나와 비슷한 전염병이었던 메르스가 일어났던 당시, 외부 활동이 줄어들면서 홈쇼핑 매출은 많이 증가했다. 이때 많은 기업이 홈쇼핑을 새로 시작했고, 티커머스 채널도 이를 계기로 많이 생겨났다.

② 2015년 홈쇼핑에 특이한 콘텐츠가 방송을 탔다. 유희열이 이끄는 연예기획사 안테나 소속 가수 루시드폴이 자신이 직접 재배한 귤을 들고나와 방송에서 노래를 부르며 직접 상품안내자 역할을 했다.

7 드러그스토어

1) 해외의 드러그스토어

① 미국에서 20세기초 정도부터 일용 잡화와 약국 및 간단한 음식료품을 함께 취급을 하는 소매점으로 출발했으며, 20세기 후반에는 기존의 약국(Pharmacy)을 대체할 수 있는 새로운 형태의 업종으로써 큰 주목을 받기 시작했다. 미국, 독일, 영국, 홍콩, 호주, 일본 등의 여러 나라에서 전통적인 드러그스토어들이 많이 생겨났다. 그래서 그런지 근래의 미국에서는 약국이라 표현할 때 Pharmacy보다는 Drugstore라고 하는 경우도 많은편이다. 반면 영국에는 이러한 형태의 점포수 자체는 많아졌지만 Drugstore보단 여전히 전통적으로 Chemist's라고 부르는 경우가 많고, 이와 비슷한 이유로 호주도 Chemist와 Pharmacy라는 표현이 주로 쓰인다.

② 미국에는 체인 잡화점이 많아서, CVS나 월그린(Walgreen)은 미국 전역에 각각 1만 개 이상의 점포가 있다. 한국으로 치면 체인형 슈퍼마켓 정도의 입지를 차지한다고 볼 수 있는데, 드러그스토어라는 이름처럼 안에 약사가 있고 처방전을 들고 가면 약을 받을 수 있다. 비타민 등의 영양보충제가 꽤 많이 있는 것도 특징. 그 외엔 한국의 마트와 비슷한 느낌으로 잡다한 물건을 팔긴 하지만 대형상점보단 비싼 정도이다. 미국은 필요한 물건은 마트에 가서 왕창 사 오는 소비패턴이 일반적이다 보니 이곳에서 뭘 많이 사는 경우는 별로 없고, (상대적으로) 주택가 근처에 있으니 급하게 필요한 물건을 사 오는 정도이다.

③ 호주의 경우도 미국처럼 체인 형태인 케미스트점이 많고, 조제약이나 일반 약뿐만 아니라 화장품, 건강식품, 헬스 보충제, 위생용품, 분유, 음료, 노인과 장애인들을 위한 각종의 보조기구 등을 판매하고 있다. 한국식 잡화점과 비교했을 때 여전히 약이 주류이고, 화장품의 비중은 약에 비해 상대적으로 낮은 것이 차이점이다. 비슷한 규모에선 건강식품 전문점도 대중화되어 있는 형태인데, 건강식품점의 경우 건강식품 위주로만 다루기 때문에 파머시나 케미스트라고 부르지 않는다. 비타민제나 프로폴리스 등 한국의 관광객들이 주로 찾는 영양제 종류는 어느 가게에나 있다.

④ 일본의 경우 잡화점과 조제약국이 분리된 방식이며, 드러그스토어와 조제약국이 함께 붙어 있는 곳도 심심치 않게 볼 수 있다. 그리고 일본의 경우는 드러그스토어가 대형화나 가격할인 경쟁을 거치며 화장품, 식품, 일용품 및 일반의약품을 한정으로 '우리 동네 할인점' 취급을 받는 중이다. 신문 배달 시 드러그스토어 세일 홍보 전단도 나온다. 과자나 과음료의 경우에는 종류가 많지는 않아도 다양한 편이고, 편의점이나 대형상점보다 싸게 파는 경우도 많다 편의점에서는 보통 ￥140에 파는 500mL 병에 담긴 음료수가 잡화점에서는 ￥80 ~ ￥100 정도밖에 안 될 정도이다. 마켓 오 리얼브라우니의 경우는 한국보다 저렴하기도 하다. 이러다 보니 일본 최대의 드러그스토어 체인 중 하나인 마쓰모토 키요

시를 보면, 자세히 둘러보지 않고서는 이것이 잡화점인지 편의점인지 분간이 되지 않는 경우도 많다. 또 일본에선 드러그스토어가 한국 관광객들에게 일부 의약품과 건강식품, 미용용품 쇼핑의 필수 코스로 인식되어 있어 웬만한 곳은 한국어를 어느 정도 할 줄 아는 점원이 꼭 있으며 할인 거래, 가격을 알려주는 앱이 출시되기도 했다. 이는 중국인 관광객들 역시도 마찬가지로 중국어, 영어를 하는 점원도 볼 수 있다. 매장 내에서도 한국어, 영어, 중국어 안내방송을 자주 틀어주는 편이다. 그렇지만 면세 혜택을 받을 수 있는 점포가 있고, 또 아닌 점포가 있기때문에 면세 혜택을 받으려면 반드시 홈페이지나 점포 간판을 통해서 TAX-FREE 여부를 점검해야 한다.

⑤ 독일의 잡화점은 한국인의 기준으로 봤을 때 상당히 이색적으로 느낄 수 있는데, 약국이 크게 분포되어 있으면서 어느 정도의 드러그스토어의 역할을 함께 하고 있어서 그런지 약을 거의 팔지 않는 경우가 많다. 잡화점에서 화장품은 당연히 취급하고 있으며, 기타 잡화나 주방용품, 간단한 음식이나 담배 등을 판매한다.

2) 국내의 드러그 스토어

① 우리나라에서는 일반의약품조차 취급하고 있지 않은 드러그스토어가 대부분이다. 취급 물품은 주로 화장품을 중심으로 해 미용에 관련된 제품을 중점적으로 취급하고 있으며, 그렇게 하다 보니 주 고객은 중장년층을 비롯한 다양한 연령대보단 20 ~ 30대가 많고, 그중에서도 특히 여성이 주를 이루고 있다. 국내의 약사법 규정에 따라 현재 약사들에게만 약국 개설을 허가하고 있어 약사를 고용하거나 약사에게 드러그스토어를 개설하도록 했을 때 약사의 이윤이 적게 남을 것이라는 이유로 아직은 약사들의 참여가 활발하지 않은 실정이다. 또 일반의약품의 일반소매점 취급 범위 정도가 극히 제한적이며, 드러그스토어에 약사가 없어서 약국으로 병행해 영업할 수 없는 드러그스토어는 사실상 일반의약품 취급에 거의 손을 놓고 있으며, 잡화점이라는 뜻과 달리 의약품은 취급하지 않고 있다. 이로 인해 우리나라에서는 드러그스토어가 약국보다는 일종의 신개념 화장품 가게로 간주하고 있는 경우가 많다. 2012년 8월을 기준으로 올프랜차이즈, 올리브영 200개의 매장 중에 약국이 포함된 것은 단 3개에 불과했다고 한다.

② 국내에서도 외국의 사례를 따라서 1980 ~ 1990년대부터 드러그스토어 사업의 진출 소식이 꾸준히 나왔으나, 복잡한 의약품 취급 규정과 약사들의 매우 낮은 관심도로 인해 본격적으로 발전하지 못했으며, 1999년 CJ그룹에서 올리브영 매장을 처음 개설하였다. 올리브영은 처음부터 약보다는 미용과 헬스 위주 제품의 매장을 운영하며 20 ~ 30대, 특히 여성층을 주 고객으로 설정하였다. 올리브영은 한동안 작은 개수의 판매장만 운영했지만, 2000년대 중반부터는 지방의 주요 도시에도 공격적으로 출점을 시작하며 사람들에게 널리 알려지기 시작하였다. 한쪽으로는 GS리테일이 홍콩의 왓슨스와

제휴해 2005년도에 GS왓슨스를 출점했고, GS왓슨스도 2012년부터 점점 지방에 매장을 늘리고 있다. 또 2018년부터 "랄라블라"라는 자체 상표로 전환하였다.

③ 기존 할인점과 편의점에 이어 새로운 형태의 업종으로서 2010년대부터 더욱 주목받고 있어 대중의 인지도도 함께 올라가고 있으며, 주요 도시 지역의 20 ~ 30대 여성의 신개념 쇼핑 장소로 알려져 있다. 물론 취급하는 브랜드 또는 품목이 원체 다양해 남성들도 이용하고 있는 중이다. 남성들도 매장에 출입할 때 화장품 전문점보다 비교적으로 부담 없는 분위기이며, 남성 전용 상품의 비율도 훨씬 높은 편이다.

④ 2010년대부터는 코오롱이 더블유스토어(W-Store)를 신세계가 이마트를 통해서 분스(BOONS)를 런칭하였다. 2011년에는 농심그룹이 판도라(Pandora)를 런칭했으며, 2013년에 롯데쇼핑에서 롭스(Lohbs)를 런칭했는데, 롭스 캐시비 스탬프라는 명칭의 교통카드도 내놓았었다. 신세계의 분스는 동네 편의점과 약국까지 엮은 패키지로 잡아먹겠다는 계획인 것인지, 냉장고에는 이마트 PB 삼각김밥이 들어있고, 약사가 있는 전문의약품의 판매대까지 갖추고 있다. 이중에서 그나마 코오롱의 더블유스토어와 농심그룹의 판도라 정도가 드러그스토어의 본래 의미에 좀 더 가까운 편이다.

⑤ 반면에 신세계의 분스는 시장 확대를 하지 못해 전술했던 브랜드인 미국의 월그린 부츠 동맹과 손을 잡고 드러그스토어 사업을 원점에서부터 다시 시작한다는 이야기가 들리고 있으며, 마침내 부츠 브랜드를 도입해 2017년 4월에 서울고속버스터미널과 스타필드 하남점에서 선보였다. 부츠 판매장은 일부 상품에 "약국 계산대에서 계산"이라는 안내문구가 붙어 있으며, 분스 매장은 순차적으로 정리하기에 들어갔다. 분스에 비해 롯데쇼핑의 롭스는 그나마 다른 지역에도 출점 중이기 때문에 상대적으로 사정이 나은 편이다.

Start-up of Beauty Cosmetics

V

실 습

1. SWOT 분석
2. 상품 기획과 제품기획
3. 나만의 브랜드 만들기
4. 참고사이트

❶ SWOT 분석

SWOT 분석에서 SWOT는 강점(Strength), 약점(Weakness), 기회(Opportunity), 위협(Threat)의 머리글자를 따서 만든 단어로 경영 전략을 수립하기 위한 분석 도구이다. SWOT 분석은 앨버트 험프리(Albert Humphrey)에 의해 고안된 전략 기법으로 기업이 가진 강점(Strength)과 약점(Weakness), 외부 환경의 기회(Opportunity)와 위협(Threat) 요인을 분석하고 평가하여 약점은 보완하고 강점은 극대화하며, 위협요인을 대처하고 기회를 포장하여 실행하는 것에 중점을 둔다. 이러한 SWOT 분석은 내부의 환경과 역량, 외부의 환경을 분석하고 정리하여 문제점을 파악하고 대안을 마련하기 위해 활용된다. 기업뿐만 아니라 개인의 역량 또한 SWOT 분석을 활용하여 취업 및 창업에 대비하는 사례들이 증가하고 있으며 활용성이 높은 기법이라 할 수 있다.

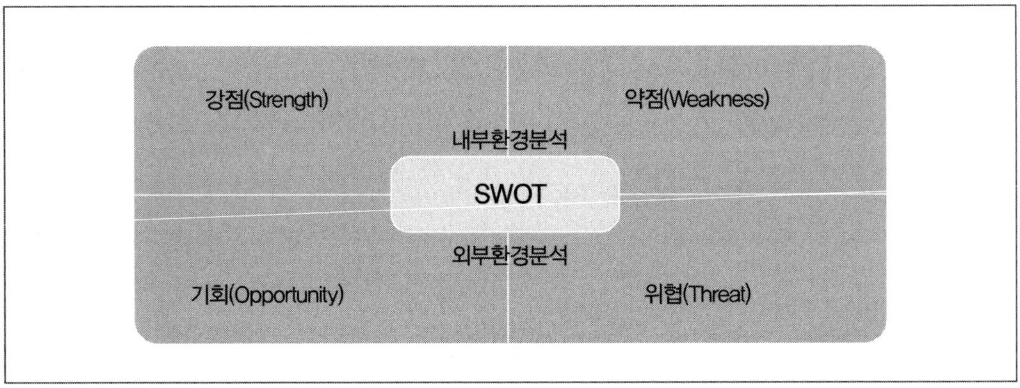

◆ [그림 5-1] SWOT 분석 ◆

1) SWOT 분석을 통한 전략 회의 진행

SWOT 분석을 통하여 전략 회의를 진행하는 순서는 아래와 같다.

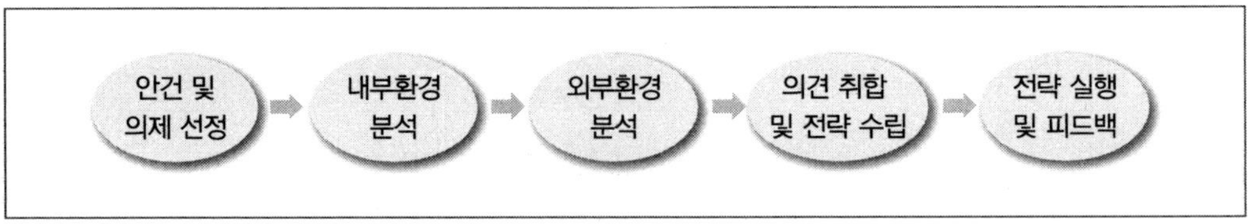

◆ [그림 5-2] SWOT 분석을 통한 전략회의 진행 ◆

(1) 안건 및 의제선정

먼저 SWOT 분석하기 위한 안건 및 의제를 선정한다. 본격적인 SWOT 분석을 위해서 참여자들이 주제에 대한 정확한 파악과 사전 조사가 필요하므로 그에 맞는 적절한 의제를 선정하여 그에 따른 필요한 준비 사항을 함께 공고하여야 한다.

(2) 내부환경 분석

Strength(강점)와 Weakness(약점)에 대해서, 자사의 경쟁력, 자금 조절 및 운영, 구성원의 능력, 수익성, CEO 경영능력, 연구 개발 등의 요인들을 도출할 수 있다. 다양한 의견들을 SWOT 분석표에 기록하고 불필요한 내용을 걸러낸다.

(3) 외부 환경 분석

Opportunity(기회)와 Threat(위협)에 대해서 검토하고 우선순위를 설정하여 실행 계획을 수립한다. 외부 환경요인은 내부에서는 알지 못하는 정보가 있을 수도 있으므로 특히 주의해야 하며 진행 과정과 결과를 공유하며 보완하도록 한다.

(4) 의견 취합 및 전략 수립

앞서 환경 분석한 내용을 토대로 기업에 맞는 4가지 전략을 수립한다.

4가지 전략	[SO(강점–기회) 전략] • 내부의 강점과 외부 환경의 기회를 적극적으로 활용하는 공격적인 전략 • 제품과 시장의 다각화, 시장 기회의 선점, 기회 이익의 극대화 등으로 확대 전략 [ST(강점–위협) 전략] • 내부의 강점으로 외부의 위협을 회피하거나 최소화하는 전략 • 강점의 강화, 제품 확장 등으로 안정 성장 전략 [WO(약점–기회) 전략] • 약점을 보완하며 외부의 기회를 포착하는 전략 • 약점의 보강, 핵심분야 강화, 제품 개발, 전략적 제휴, 우회 전략 등 [WT(약점–위협) 전략] • 약점을 보완하고 최소화하여 외부의 위협을 회피하는 방어적 전략 • 사업의 축소, 철수 검토, 제품과 시장의 집중화 전략 등

(5) 전략 실행 및 피드백

앞선 과정에서 도출된 전략을 토대로 검토하고 우선순위를 설정하여 실행 계획을 수립한다.

(6) 나의 SWOT 분석하기

'나'에 대해 SWOT 분석을 하고 나의 경쟁력 제고를 위해 전략을 수립해 보자. 분석 결과를 활용하여 전략적 자기소개서 작성에 활용도 가능하다.

2 상품 기획과 제품기획

상품 기획과 제품기획은 비슷한 듯하지만 엄연히 다르다. 상품 기획(Merchandising=상품을 판매한다.)와 제품 기획(Product Planning = 제품을 기획한다.)의 단어를 해석해 보면 각 용어가 어디에 초점을 맞추는지를 더 쉽게 알 수 있다. 다시 말해, 상품 기획은 제품을 판매하는 행위, 즉 유통의 관점에서 바라보는 것이고, 제품기획은 제품을 생산하는 제조 관점에서 바라보는 것임을 알 수 있다.

1) 화장품 기획하기

헤어, 메이크업, 피부미용, 네일 아트 모두 공통으로 사용하는 아이템은 바로 화장품이다. 뷰티 분야에서 화장품은 필수 아이템이 되었으며 한국의 화장품은 K-Beauty라는 이름으로 세계에서 명성을 떨치고 있다. 국내 화장품 산업 규모를 살펴보면, 2010년에 9조 8,070억 원이었지만 2020년 이후 45조를 뛰어넘었으며 가파른 성장을 보인다. 화장품 무역수지 역시 2012년에 1조를 돌파하였으며 2019년은 7조를 뛰어넘는 등 연속 흑자를 기록하고 있다.

대한화장품협회의 자료에 따르면 국내의 화장품 제조업체와 책임판매업체 수는 2000년에 152개사였으나 2019년 식품의약품안전처에 등록된 국내 책임판매업소 수만 15,707개로 증가하였음을 알 수 있다. 최근 개정된 [화장품법]에 따라 기존에 의약외품으로 분류되었던 품목과 화장비누 등이 화장품으로 전환 됨에 따라 앞으로 화장품 제조업체와 책임판매업체의 수는 꾸준히 증가할 그것으로 보인다.

특히, 한국 콜마 또는 코스맥스와 같은 OEM, ODM 기업의 성장은 화장품 사업, 화장품 브랜드 출시를 더욱 쉽게 만들었고 이제는 마음만 먹으면 누구라도 화장품 사업에 접근하기가 쉬워졌다.

유명 연예인, 영향력자들은 본인들의 이름을 내건 화장품을 출시하기 시작했고 대기업 화장품 브랜드 못지않은 성과를 내고 있다. 유명한 메이크업 아티스트나 미용사들 역시 본인들의 이름을 내건 화장품을 출시하기 시작했고 지금의 화장품 시장은 대기업과 중소기업, 개인에 이르기까지 굉장히 넓은 스펙트럼을 가지고 있다. 이 말은 나도 내 이름을 건 화장품을 출시할 수 있다는 말이다. 요즘은 1인 메이커 시대라고도 한다. 아이디어나 기획력만 있다면 모든 것이 가능하다.

뷰티 창업을 하는 데 있어서 나만의 화장품 브랜드를 가진다면 내 가게의 상표 가치 또한 올릴 수 있으며 전문적인 이미지 구축과 더불어 좋은 입소문을 낼 수 있다. 또한, 별도의 시설 추가 없이도 추가 수익 창출을 기대할 수도 있다. 따라서, 화장품을 기획하는 단계에 대해 살펴보고 접목해 본다면 경쟁력과 전문성을 높이고 부가가치 창출로까지 연결할 수 있을 것이다.

특히 2020년 새롭게 도입된 맞춤형 화장품 제도는 뷰티 창업 분야와 접목하기에 매우 적합하며 점점 개인화 되고 맞춤형 서비스를 기대하는 소비 흐름과 맞물려 뷰티 분야와 화장품 분야 모두에서 시너지 효과를 볼 수 있을 그것으로 보인다.

OEM	ODM
• Original Equipment Manufacturing • 주문자 상표 부착 생산 • 고객사가 요구한 대로 제품을 생산 • 단순 생산만 대신해 주는 업체	• Original Development Manufacturing • 제조자개발 생산 • ODM 업체가 주도적으로 제품을 생산 • 제조사 자체 기술개발로 이익률이 높음 • OEM보다 더 높은 수준의 위탁생산

◆ [표 5-1] OEM과 ODM ◆

[예시] 피쉬 콜라겐을 함유한 화장품의 상품 개발과 제품 개발

(1) 상품 기획

1. 시장 현황 조사	5. 디자인 방향
2. 트렌드 조사	6. 가격 결정
3. 콘셉트 설정	7. 유통 전략
4. 제품 구성	

상품을 기획하기에 앞서 시장 현황을 조사한다. 진입하고자 하는 시장의 규모나 소비자 조사자료 등을 통하여 기획하고자 하는 제품의 시장 가능성 또는 트렌드를 조사해 보는 단계이다. 예를 들어, 피쉬 콜라겐을 함유한 화장품을 기획하고자 한다면 피쉬 콜라겐의 정의, 피쉬 콜라겐 산업의 현황, 소비자의 호감도, 피쉬 콜라겐 함유 화장품의 시장 규모 등을 조사해 보는 것이다.

성공적인 상품 기획을 위해서는 트렌드 분석이 필수이다. 쉽게 말해 현 시장의 흐름을 파악해 보는 것으로 넓은 의미로는 전 세계를 기준으로 10년 이상 지속하는 트렌드를 말하며 작게는 구체적으로 상품개발로 연결할 수 있는 소비자 요구에 중심을 둔 목표시장을 의미한다. 트렌드를 파악하기 위해서는 국내의 각종 연구소에서 발행하는 보고서를 참고할 수 있으며 간편하게는 인터넷 검색어를 이용한 분석도 가능하다. 피쉬 콜라겐의 경우 할랄과 이너뷰티, 저분자 콜라겐 트렌드가 반영된 것이라 볼 수 있다.

이제는 제품의 콘셉트를 구성해 보자. 먼저 대상층을 설정한다. 설정한 대상층에 대한 정보를 수집하고 만약 대상층을 30~40대의 바쁜 워킹맘으로 잡았다면 피쉬콜라겐의 작은 분자량으로 인한 빠른 흡수력과 이너뷰티, 바쁘지만 포기할 수 없는 피부관리, 하루 동안 지친 피부의 균형 맞추기 등을 콘셉트로 잡을 수 있을 것이다.

제품의 구성은 앞서 설정한 표적에 맞추어 보면 바쁜 워킹맘이기 때문에 제품의 종류를 늘리기보다는 한 병의 제품에 모든 기능을 다 넣어 한 번에 피부 관리를 끝낼 수 있는 올인원을 구성할 수 있을 것이다. 표적이 달라지면 제품의 구성도 달라질 것이며 제품의 가짓수는 한 가지에서부터 여러 가지로 얼마든지 구성할 수 있다.

표적의 성향을 분석하여 디자인 작업에 들어가게 된다. 디자인은 전문 업체에 맡기게 되는데 추구하는 분위기나 원하는 개념의 타제품을 전달 해주면 반영하여 작업에 들어간다. 적게는 1~2개 많게는 4~5개의 시안을 받아 볼 수 있으며 1차 시안을 받아 본 후 의견을 반영하여 수정할 수 있다. 수차례 수정 작업을 거쳐 최종 디자인을 결정하게 된다. 앞서 시장조사, 트렌드 조사, 개념에서 도출된 내용이 디자인에 반영된다고 볼 수 있다.

가격을 결정 하는 데는 다양한 방법들이 있지만, 그중 한 가지는, 경쟁사의 제품과 비교하여 가격을 결정하는 방법이다. 마케팅 전략에 있어서 고가전략 또는 저가 전략 등 방침을 세웠다면 경쟁사 제품과 비교하여 그 가격을 결정하는 것이다. 또 다른 방법으로는 제품의 생산 원가를 고려하여 결정하는 방법이다. 대상층의 소비 여력과 트렌드를 반영하여 적정한 가격대를 설정할 수도 있다.

이제 제품의 유통 전략을 짤 차례이다. 대상층을 고려하여 TV, 지면 광고, SNS, 샘플 마케팅 등 적합한 마케팅 방법을 결정하고 오프라인 매장 입점, 온라인 매장 운영 등 다방면으로 전략을 수립하고 홍보를 시작한다.

(2) 제품기획

1. 개발 방침 결정	4. 제품 테스트
2. 제품 콘셉트 & 대상층 설정 후 정보수집	5. 용기 사양 및 제품 디자인
3. 제품 제조 (제형, 색상, 향, 기능성 여부, 사용감)	6. 가격

(1)에서는 화장품의 상품 기획적 측면에서 접근해 보았고 이제 화장품 제품기획의 측면에서 살펴보고자 한다.

가장 먼저 제품의 개발 방침을 결정한다. 제품의 어떠한 효능과 효과를 극대화한 제품을 출시할 것인지 방향을 정한 후 화장품을 사용할 대상을 결정한 후 그에 따른 정보들을 수집한다.

본격적인 제조에 들어가기에 앞서 제품의 제형, 색상, 부향, 기능성 여부, 사용감 등을 결정한다. 제품의 제형은 쉽게 말해 제품의 묽기를 말하는 것으로 피부와 같은 액체 타입과 로션과 같은 유액 타입, 크림과 같은 되직한 타입 중에서 적합한 제형을 결정한다.

제품의 제조는 다양한 원료들의 혼합으로 이루어지며 원료의 혼합 때문에 특정 색상이 나오게 된다. 이 색상 그대로를 제품으로 출시하여도 되지만 원하는 색상이 있다면 그러한 색상을 고려하여 원료를 구성할 수 있고 상황에 따라서는 색소를 첨가할 수도 있다. 색조화장품 제조의 경우 구체적인 색상 요구는 필수사항이다.

화장품은 오감 만족이 가능한 제품으로 향 역시 제품 선택에 큰 영향을 끼친다. 우리가 화장품 판매장에 가서 화장품을 고를 때 습관적으로 뚜껑을 열어 코에 가져가 향을 맡곤 하는데 이러한 모습만 봐도 향이 화장품 선택에 얼마나 많은 영향을 끼치는지를 알 수 있다.

화장품의 선택 요인 중 하나가 바로 사용감이다. 사용감은 화장품을 피부에 발랐을 때 느껴지는 것을 말하는데 우리가 흔히 말하는 발림성이다. 제품에 의도하는 사용감이 있다면 이를 반영하여 처방전을 구성하고 제조를 한다.

마지막으로 미백, 주름 개선, 자외선 차단 등과 같은 기능성을 추가하고 싶다면 기능성 원료를 함량에 맞게 첨가하여 제조한다.

제품의 제조가 끝났다면 이제는 제조된 제품의 테스트 단계가 남았다. 완성된 제품을 소비자가 개봉한 후부터 모두 다 사용할 때까지 제형이 깨지거나 변색, 변취가 없는지 안정성 테스트하고, 효능, 효과, 그리고 부작용 등을 테스트한다. 이러한 테스트를 전문적으로 실시해 주는 기관들이 많이 있으니 자체 연구소가 없다면 업체에 의뢰하여 진행할 수 있다.

제품의 용기 선정 및 디자인의 단계는 상품 기획에서의 디자인 방향 설정과는 초점이 다르다. 상품 기획단계에서의 디자인 방향 설정은 상품의 판매에 초점을 맞추었다면 제품기획에서의 디자인은 제품의 질을 높이고 사용성을 높이는 것에 초점을 맞추었다고 할 수 있다. 용기의 디자인도 좋지만, 제품의 성질과 상충하지 않는 재질의 용기를 선택해야 하고 또 사용하기에 편리한 무게감 등을 고려하여야 한다. 매니큐어와 같은 제품은 용기를 녹일 수 있으므로 유리 용기를 선택하고, 아로마 오일과 같이 햇빛을 차단해야 하는 제품은 갈색 암병을 선택하며 제품에 먼지나 이물질을 차단하기 위해 튜브형을 선택하기도 한다. 즉, 제품기획 단계에서의 용기 선정과 디자인은 실용성을 추구한다.

화장품에 있어서 품질이 가장 좋아야 하겠지만 디자인 역시 중요한 부분을 차지한다. 아무리 품질이 좋다 하더라도 소비자의 이목을 끌지 못하면 아무도 이 제품이 좋다는 것을 알릴 기회조차 없기 때문이다. 화장품을 디자인할 때 고려해야 하는 요소는 실용성, 보관의 용이성과 함께 외형의 아름다움을 들 수 있다. 화장품의 성분과 사용 방법에 적합한 제형을 개발해야 하며 그 제형을 끝까지 유지하며 편리하게 사용할 수 있도록 용기의 재질 또한 중요하다고 할 수 있다.

제품의 가격을 결정하는 방법에는 경쟁 지향, 수익 지향, 수요 지향형 총 3가지의 방법이 있다. 먼저, 경쟁 지향의 경우 경쟁사의 제품 가격을 기준으로 가격을 설정하는 것이다. 수익 지향형은 생산자와 도매업자 소매업자의 수익을 반영하여 가격을 결정하는 것이고 마지막으로, 수요 지향형은 고객이 희망하는 평균 가격을 기준으로 원/부자재 비를 설정하여 목표 원가를 맞추는 방법이다. 각 제품의 콘셉트에 가장 적합한 방법을 선택하여 가격을 산정하게 된다.

(3) 화장품 제품의 유형

화장품 상품개발 및 제품 개발 단계에서 제품을 구성하게 된다. 요즘에는 일체형 타입으로 하나만 발라도 되는 제품에서부터 스킨-세럼-에센스-보습크림-영양 크림-아이크림에 이르기까지 다양한 구성품을 제품 라인으로 구성하기도 한다. 다음은 국내 화장품법에서 정의해 놓은 화장품 유형에 관한 표이다. 우리나라는 총 13개의 유형으로 화장품을 구분 짓고 있으며 13개의 항목에 포함된 유형 중에서 제품을 구성할 수 있다.

유형	제품구성
영유아용 제품류(만 3세 이하)	- 영 · 유아용 샴푸와 린스 - 영 · 유아용 로션과 크림 - 영 · 유아용 오일 - 영 · 유아용 인체 세정용 제품 - 영 · 유아용 목욕용 제품
인체 세정용 제품류	- 폼 클렌저 - 보디클렌저 - 화장 비누(고체의 형태인 세안용 비누) 및 액체 비누 - 외음부 세정제 - 물휴지. 다만, 위생용품 관리법」(법률 제14837호) 제2조 제1호 가목 2)에서 말하는 「식품위생법」 제36조 제1항 제3호에 따른 식품접객업의 영업소에서 손을 닦는 용도 등으로 사용할 수 있도록 포장된 물티슈와 「장사 등에 관한 법률」 제29조의 장례식장 또는 「의료법」 제3조의 의료기관 등에서 시체(屍體)를 닦는 용도로 사용하는 물휴지는 제외한다. - 그 외의 인체 세정용 제품류

유형	제품구성
방향용 제품류	– 향수 – 향낭(香囊) – 분말향 – 콜론(cologne) – 그 외의 방향용 제품류
목욕용 제품류	– 버블 바스(bubble baths) – 목욕용 오일, 정제, 캡슐 – 목욕용 소금류 – 그 외의 목욕용 제품류
눈 화장용 제품류	– 아이브로우 펜슬(eyebrow pencil) – 아이섀도(eye shadow) – 아이 라이너(eye liner) – 아이 메이크업 리무버(eye makeup remover) – 마스카라(mascara) – 그 외의 눈 화장용 제품류
두발 염색용 제품류	– 헤어 컬러스프레이(hair color sprays) – 헤어 틴트(hair tints) – 탈염 · 탈색용 제품 – 염모제 – 그 밖의 두발 염색용 제품류
두발용 제품류	– 헤어 토닉(hair tonics) – 헤어 컨디셔너(hair conditioners) – 헤어 크림 · 로션 – 헤어 그루밍 에이드 – 포마드(pomade) – 헤어 오일 – 헤어 스프레이 · 무스 · 왁스 · 젤 – 샴푸, 린스 – 헤어 스트레이트너(hair straightner) – 퍼머넌트 웨이브(permanent wave) – 흑채 – 그 외의 두발용 제품류
색조화장품 제품류	– 페이스 파우더 – 페이스 케이크 – 볼연지 – 리퀴드 · 크림 · 케이크 파운데이션 – 메이크업 픽서티브(make–up fixatives) – 메이크업 베이스(make–up bases) – 립글로스(lip gloss), 립밤(lip balm) – 립스틱, 립라이너(lip liner) – 보디페인팅(body painting), 페이스페인팅(face painting), 분장용 제품 – 그 외의 색조 화장용 제품류

유형	제품구성
손발톱용 제품류	– 네일폴리시 – 베이스 코트(base coats) – 네일에나멜 – 네일 크림 · 로션 · 에센스 – 언더코트(under coats) – 톱코트(topcoats) – 네일폴리시 · 네일에나멜 리무버 – 그 외의 손발톱용 제품류
면도용 제품류	– 남성용 탤컴(talcum) – 애프터셰이브 로션(aftershave lotions) – 프리셰이브 로션(preshave lotions) – 셰이빙 폼(shaving foam) – 셰이빙 크림(shaving cream) – 그 외의 면도용 제품류
기초화장품 제품류	– 수렴 · 유연 · 영양 화장수 – 에센스, 오일 – 마사지 크림 – 파우더 – 팩, 마스크 – 바디 제품 – 눈 주위 제품 – 손 · 발의 피부 연화 제품 – 로션, 크림 – 클렌징 워터, 클렌징 오일, 클렌징 로션, 클렌징크림 등 메이크업 리무버 – 그 외의 기초화장용 제품류
체모 제거용 제품류	– 제모제 – 제모 왁스 – 그 밖의 체모 제거용 제품류
체취 방지용 제품류	– 데오도란트 – 그 외의 채취 방지용 제품류

◆ **[표 5-2] 화장품의 유형** ◆

(4) 화장품 유통 경로

화장품의 유통 경로는 매우 다양하다. 우리나라 최초의 상업 화장품이라 볼 수 있는 박가분은 현대의 방문판매의 시초라고 할 수 있으며 오늘날에는 온라인 쇼핑에 이르기까지 유통 경로의 스펙트럼은 굉장히 넓다. 화장품 산업은 다품종 소량생산 사업에 속하여 다양성을 띠고 있다. 이러한 다양성으로 인해 유통 경로 또한 복잡하고 다양한 것을 알 수 있다.

유형	유통경로
인적판매	• 무 점포형 소매업 • 방문판매 • 직접판매 • 다단계 판매
브랜드숍	• 단독 브랜드숍 • 멀티 브랜드숍
백화점	• 대규모 소매점
면세점	• 세금에 대해 특정인에게 면세판매
드러그스토어	• H&B (Health & Beauty) 스토어 예) 올리브영, 롭스, 랄라블라 등
홈쇼핑	• TV를 이용한 무점포 판매방식
온라인쇼핑몰	• 온라인상에 쇼핑몰을 개설 • 전자 상거래 방식 이용

◆ [표 5-3] 화장품 유통 경로 ◆

(5) 화장품의 제형

제형	특성
로션제	유화제 등을 넣어 유성 성분과 수성 성분을 균질화하여 점액상으로 만든 제형
액제	화장품에 사용되는 성분을 용제 등에 녹여서 액상으로 만든 제형
크림 제	유화제 등을 넣어 유성 성분과 수성 성분을 균질화하여 반고 형상으로 만든 제형
침척마스크제	부직포 등의 지지체에 로션제, 크림 제, 갤제, 액제 등을 침착하여 만든 제형
겔제	반고형상의 제형으로 액체를 침투시킨 분자량이 큰 유기분자로 구성
에어로졸제	분사제(액화 기체, 압축기체 등)의 압력을 이용하여 안개형, 포말상 등으로 분출하게 한 제형
분말제	균질한 분말상 또는 미립 상의 제형

◆ [표 5-4] 화장품 제형 ◆

(6) 기능성 화장품 원료

기능성 화장품은 피부의 미백, 주름 개선, 자외선, 탈모, 염모 등 특정한 효능을 가진 원료를 함유한 화장품으로 다른 원료와 달리 함량이 정해져 있으므로 정확히 원료를 파악하고 무게를 재야 한다.

㉠ 미백

피부의 미백에 도움을 주는 제품을 말한다.

성분명	함량
닥나무 추출물	2%
알부틴	2~5%
에칠아스코빌에텐	1~2%
유용성 감초 추출물	0.05%
아스코빌글루코사이드	2%
마그네슘아스코르빌포스페이트	3%
니아신아마이드	2~5%
알파-비사보롤	0.5%
아스코빌테트라이소팔미테이트	2%

◆ [표 5-5] 미백화장품 식약처 고시 원료 ◆

㉡ 자외선차단제

피부를 곱게 태워 주거나 자외선으로부터 피부를 보호하는 데 도움을 주는 제품을 말한다.

성분명	함량
드로메트리졸	0.5~1%
디갈로일트리올리에이트	0.5~5%
4-메칠벤질리덴캠퍼	0.5~4%
멘틸안트라닐레이트	0.5~5%
벤조페논-3	0.5~5%
벤조페논-4	0.5~5%
벤조페논-8	0.5~3%
부틸메톡시디벤조일메탄	0.5~5%
시녹세이트	0.5~5%
에칠헥실트리아존	0.5~5%
옥토크릴렌	0.5~10%
에칠헥실디메칠파바	0.5~8%
에칠헥실메톡시신나메이트	0.5~7.5%
에칠헥실살리실레이트	0.5~5%
페닐벤즈이미다졸설포닉애씨드	0.5~4%
호모살레이트	0.5~10%
징크옥사이드	25%(자외선차단성분으로 최대 함량)
티타늄디옥사이드	25%(자외선차단성분으로 최대 함량)
이소아밀p-메톡시신나메이트	10%(최대 함량)
비스-에칠헥실옥시페놀메톡시페닐트리아진	10%(최대 함량)
디소듐페닐디벤즈이미다졸테트라설포네이트	산으로 10%(최대 함량)
드로메트리졸트리실록산	15%(최대 함량)
디에칠헥실부타미도트리아존	10%(최대 함량)
폴리실리콘-15(디메치코디에칠벤잘말로네이트)	10%(최대 함량)
메칠렌비스-벤조트리아졸릴테트라메칠부틸페놀	10%(최대 함량)
테레프탈릴리덴디캠퍼설포닉애시드 및 그 염류	산으로 10%(최대 함량)
디에칠아미노하이드록시벤조일헥실벤조에이트	10%(최대 함량)

◆ [표 5-6] 자외선차단제 식약처 고시 원료 ◆

ⓒ 주름 개선제

피부의 주름 개선에 도움을 주는 제품을 말한다.

성분명	함량
레티놀	2,500IU/g
레티닐팔미테이트	10,000IU/g
아데노신	0.04%
폴리에톡실레이티드레틴아마이드	0.05~0.2%

◆ [표 5-7] 주름 개선화장품 식약처 고시 원료 ◆

ⓓ 모발의 색상 변화

모발의 색상을 변화시키는 데 도움을 주는 제품을 말하며, 화학적 작용으로 변화시키는 제품만이 해당한다.

구분	성분명	사용할 때 농도 상한(%)
I	p-니트로-o-페닐렌디아민	1.5
	니트로-p-페닐렌디아민	3.0
	2-메칠-5-히드록시에칠아미노페놀	0.5
	2-아미노-4-니트로페놀	2.5
	2-아미노-5-니트로페놀	1.5
	2-아미노-3-히드록시피리딘	1.0
	5-아미노-o-크레솔	1.0
	m-아미노페놀	2.0
	o-아미노페놀	3.0
	p-아미노페놀	0.9
	염산 2,4-디아미노페녹시에탄올	0.5
	염산 톨루엔-2, 5-다이아민	3.2
	염산 m-페닐렌디아민	0.5
	염산 p-페닐렌디아민	3.3
	염산 히드록시프로필비스(N-히드록시에칠-p-페닐렌디아민)	0.4
	톨루엔-2, 5-다이아민	2.0
	m-페닐렌디아민	1.0
	p-페닐렌디아민	2.0
	N-페닐-p-페닐렌디아민	2.0
	피크라민산	0.6
	황산 p-니트로-o-페닐렌디아민	2.0

<table>
<tr><th colspan="2">구분</th><th>성분명</th><th>사용할 때 농도 상한(%)</th></tr>
<tr><td colspan="2" rowspan="18">I</td><td>황산 p-메칠아미노페놀</td><td>0.68</td></tr>
<tr><td>황산 5-아미노-o-크레솔</td><td>4.5</td></tr>
<tr><td>황산 m-아미노페놀</td><td>2.0</td></tr>
<tr><td>황산 o-아미노페놀</td><td>3.0</td></tr>
<tr><td>황산 p-아미노페놀</td><td>1.3</td></tr>
<tr><td>황산 톨루엔-2, 5-다이아민</td><td>3.6</td></tr>
<tr><td>황산 m-페닐렌디아민</td><td>3.0</td></tr>
<tr><td>황산 p-페닐렌디아민</td><td>3.8</td></tr>
<tr><td>황산 N, N-비스(2-히드록시에칠)-p-페닐렌디아민</td><td>2.9</td></tr>
<tr><td>2, 6-디아미노피리딘</td><td>0.15</td></tr>
<tr><td>염산 2, 4-디아미노페놀</td><td>0.5</td></tr>
<tr><td>1, 5-디히드록시나프탈렌</td><td>0.5</td></tr>
<tr><td>피크라민산 나트륨</td><td>0.6</td></tr>
<tr><td>황산 2-아미노-5-니트로페놀</td><td>1.5</td></tr>
<tr><td>황산 o-클로로-p-페닐렌디아민</td><td>1.5</td></tr>
<tr><td>황산 1-히드록시에칠-4, 5-디아미노피라졸</td><td>3.0</td></tr>
<tr><td>히드록시벤조모르포린</td><td>1.0</td></tr>
<tr><td>6-히드록시인돌</td><td>0.5</td></tr>
<tr><td colspan="2" rowspan="6">II</td><td>α -나프톨</td><td>2.0</td></tr>
<tr><td>레조시놀</td><td>2.0</td></tr>
<tr><td>2-메칠레조시놀</td><td>0.5</td></tr>
<tr><td>몰식자산</td><td>4.0</td></tr>
<tr><td>카테콜</td><td>1.5</td></tr>
<tr><td>피로갈롤</td><td>2.0</td></tr>
<tr><td rowspan="2">III</td><td>A</td><td>과붕산나트륨사수화물
과붕산나트륨일수화물
과산화수소수
과탄산나트륨</td><td rowspan="5"></td></tr>
<tr><td>B</td><td>강암모니아수
모노에탄올아민
수산화나트륨</td></tr>
<tr><td colspan="2">IV</td><td>과황산암모늄
과황산칼륨
과황산나트륨</td></tr>
<tr><td rowspan="2">V</td><td>A</td><td>황산철</td></tr>
<tr><td>B</td><td>피로갈롤</td></tr>
</table>

[표 5-8 모발의 색상 변화제 식약처 고시 원료]

㉤ 체모 제거제

체모를 제거하는 데 도움을 주는 제품을 말하며, 화학적 작용으로 변화시키는 제품만이 해당이 된다.

연번	성분명	함량
1	치오글리콜산 80%	치오글리콜산으로서 3.0 ~ 4.5 %

◆ [표 5-9] 체모 제거제 식약처 고시 원료 ◆

㉥ 여드름 피부 완화제

여드름을 완화하는 데 도움을 주는 제품을 말하며, 씻어내는 제품에만 해당이 된다.

연번	성분명	함량
1	살리실릭애씨드	0.5 %

◆ [표 5-10] 여드름 피부 완화제 식약처 고시 원료 ◆

㉦ 탈모 증상 완화제

탈모 증상의 완화에 도움을 주는 제품을 말한다.

성분명
덱스판테놀(Dexpanthenol)
비오틴(Biotin)
엘-멘톨(l-Menthol)
징크피리치온(Zinc Pyrithione)
징크피리치온액(Zinc Pyrihione Solution) 50%

◆ [표 5-11] 탈모 증상 완화제 식약처 고시 원료 ◆

(7) 화장품 용기의 종류

화장품의 종류나 제형, 특징, 사용 목적에 따라 적합한 용기를 선정하게 되는데 다음은 화장품 용기의 종류이다.

구분	특징
세구 용기 (bottle type)	• 용기의 입구가 몸체에 비해 적음 • 병의 입구에 뚜껑을 장착한 후 용기 몸체를 압 또는 역으로 해서 내용물을 배출할 수 있음 • 화장수, 유액, 육모제, 샴푸, 린스와 같은 광범위한 액상의 내용물에 사용
광구 용기 (jar type)	• 용기 입구의 외경과 몸체 외경이 비슷함 • 병 입구에 뚜껑 장착 • 손가락이나 스파출러 등을 이용하여 내용물을 배출 • 크림류, 포마드 드오가 같은 고점도의 크림 상, 플레이스 상의 내용물에 사용
튜브 용기	• 속이 빈 관모양으로 몸체를 눌러 내용물을 뽑아냄 • 치약, 파운데이션, 비비크림 등과 같은 고점도의 크림 상, 플레이트 상 내용물에 사용
에어로졸 용기	• 액화 또는 가압가스를 용기에 넣고 밸브 버튼으로 밀폐함 • 버튼을 눌러 내용물 배출 • 헤어 스프레이등과 같은 스프레이상, 기포상으로 배출되는 내용물에 사용
기타 원통형 스틱, 펜슬 등	• 편리성 또는 휴대성을 중시하는 용기 • 마스카라, 아이 라이너, 각종 메이크업 제품 등에 사용

◆ [표 5-12] 화장품 용기의 종류 ◆

(8) 화장품 용기의 재료와 특징

화장품 용기로 주로 사용되는 재료에는 유리, 플라스틱, 금속 등이 있다. 각각의 재료와 주요 특징은 다음과 같다.

재 질	장 점	단 점
유리	• 유리 특유의 광택이 있고 투명, 반투명, 불투명 등의 외관을 얻을 수 있음 • 내열성 및 화학적 내구성이 뛰어남 • 내용물 보존성이 우수함 • 표면 후가공이 가능	• 충격에 약해 깨지기 쉬움 • 알칼리 용출에 의한 내용물의 영향 • 온도에 따라 병이 깨지는 경우 발생 • 무거운 무게로 인해 운송, 운반, 진열이 불편
플라스틱	• 복잡한 형상이 가능하며 무게가 가벼움 • 전사, 인쇄, 도금과 같은 후가공이 가능	• 열에 약하여 변형이 쉬움 • 기계적 강도가 약함 • 수분, 기체에 대한 투과성이 있어 용제에 약함
금속	• 얇아도 충분한 강도가 있음 • 충격에 강하며 가스 등을 투과시키지 않음 • 도금, 도장, 인쇄, 다이아 커트 등의 표면 가공 가능	• 부식의 가능성이 있음 • 타 용기와 비교하여 단가가 높음

◆ [표 5-13] 화장품 용기의 재료와 특징 ◆

특히, 플라스틱은 그 종류가 다양한데 화장품 용기에서 주로 사용하는 플라스틱 종류는 다음과 같다.

구분	특성
PE (Polyethylene : 폴리에틸렌)	• 산소 차단율이 높아 산화 방지가 가능 • 뛰어난 내구성으로 고농도의 세정제 용기로 사용 • 밀도에 따라 LDPE (Low Density Polyethylene)와 HDPE (High Density Polyethylene)으로 분류 • 저밀도에서 고밀도로 갈수록 표면이 탁하고 단단해 짐 • LDPE는 유연성이 있어 용기 부자재 튜브로 활용
PET (Polyethylene Terephthalate : 폴리에틸렌 테레프탈레이트)	• 블로 몰딩(Blow molding)을 이용한 용기 제작에 사용되는 소재 • 주로 페트라고 불림 • 병 모양의 플라스틱 용기의 대부분이 PET로 제작
PP (Polypropylene : 폴리프로필렌)	• 내약품성이 뛰어나고 착색이 자유로워 용기 뚜껑에 자주 사용 • 튜브 용기의 뚜껑, 펌프 헤드, 스프레이 헤드에 주로 사용

◆ [표 5-14] 플라스틱 소재의 종류 ◆

2) 화장품과 지식재산권

(1) 지식재산권 (Intellectual Property rights)

지식재산권은 지적 재산권이라고도 하며 인간의 창조적 활동 또는 경험 등을 통해 창출하거나 발견한 지식, 정보, 기술이나 표현, 표시 그 밖에 무형적인 것으로서 재산적 가치가 실현될 수 있는 지적 창작물에 부여된 재산에 관한 권리를 말한다. 지적 재산권이라 부르기도 한다.

(2) 지식재산권의 구분

구분		내용
지식재산권	산업재산권	특허
		실용신안
		디자인
		상표
	저작권	협의의 저작권
		저작인접권
	신 지식재산권	산업저작권
		첨단산업재산권
		정보 재산권
		신 상표권
		디자인권 등

◆ [표 5-15] 지적재산권의 구분 ◆

(3) 산업재산권

산업재산권은 지식재산권의 한 유형으로 인간의 정신적 창작의 결과물로서 산업에 이용되는 무형의 재화에 대하여 별도의 재산권으로 등록하여 보호하는 권리를 말한다. 특허, 실용신안, 디자인권(의장권), 상표권이 산업재산권에 해당하는 권리이다. 대발명으로 불리는 새로운 기술적 사상을 보호하는 특허권, 소발명이라 불리는 실용적인 개량기술을 보호하는 실용신안권, 물품의 형상에 대한 새로운 디자인을 보호하는 디자인권, 타 상품과 식별할 수 있는 기호나 문자, 도형 등을 보호하는 상표권으로 구분할 수 있다. 이처럼 새로운 발명 또는 고안에 대하여 창작자에게 일정 기간 독점적인 권리를 부여하는 대신 이를 일반인에게 공개하여야 하며 일정한 존속기간이 지나면 누구나 이용할 수 있게 함으로써 기술의 진보와 산업 발전을 추구하는데, 그 목적이 있다.

(4) 화장품 특허

화장품 특허는 화장품의 원료 혼합물, 용기, 제조 방법 등 화장품과 관련된 여러 가지 특허를 한 번에 일컫는 말이다. 화장품 완제품 하나를 이루고 있는 구성요소가 다양하고 복잡한 만큼 화장품에 관한 특허의 종류도 다양하게 존재한다. 그중 화장품 용기에 관한 특허가 가장 많고 그다음은 원료 특허이다. 화장품 원료를 특허 취득하게 되었을 경우 취득과 동시에 "특허받은 원료를 함유한 화장품"이라고 마케팅 활용도 가능하므로 기업들이 원료 개발에 힘쓰고 있으며 활발히 특허 출원을 진행하고 있다. 화장품 원료 특허는 화장품의 근간이 되는 원료에 대한 특허를 등록하는 것을 말하며 그 절차는 일반적인 특허 절차와 같다. 특허 출원, 심사, 등록의 단계로 이루어지는데, 출원과정에서는 선행기술조사를 하여야 하고 출원서와 명세서를 작성하여야 한다. 특허청에서는 모든 특허와 산업재산권에 대하여 출원할 때 제출한 서류만을 보고 심사를 하므로 서류 작성이 무엇보다도 중요하다 할 수 있다. 서류를 제출하고 나면 특허청에서 심사를 거쳐 등록 혹은 거절의 결정을 내리게 된다. 등록 결정이 나면 비로소 특허를 취득할 수 있게 되는 것이다. 이러한 절차들이 생소하고 어렵게 느껴진다면 변리사의 도움을 받는 것도 하나의 방법이 될 수 있다. 화장품 시장의 발달로 수많은 카피 제품들이 쏟아져 나오고 있는 요즈음 특허를 통해 내 기술을 독점 보유하며 권리를 누릴 수 있고 상업적으로도 활용이 가능한 특허 제도를 잘 활용하여 더 많은 수익을 기대할 수 있을 것이다.

(5) 화장품 특허의 예

화장품특허의예시	[화장품 용기 특허] ▶ 잔류량을 남기지 않는 화장품 리필 케이스 [10-2021-013191] ▶ 사용기한 표시 기능을 갖는 화장품 용기 [10-2348585] [화장품 원료 특허] ▶ 감초잎 추출발효물을 포함하는 화장품과 화장품 첨가제 조성물 [10-2021-0094903] ▶ 옥덩굴 추출물을 포함하는 화장품 조성물 [10-2021-0098620] [화장품 제조 관련 특허] ▶ 화장품 용기의 라벨 부착 장치 [20-0479040] ▶ 화장품 포장 상자의 분류장치 [20-2014-0003579] 이 외에 우리가 흔히 잘 알고 있는 화장품 용기의 디자인과 화장품 브랜드 이름, 브랜드 로고, 제품명 등은 디자인 등록, 상표 등록을 할 수 있으며 이러한 모든 정보는 특허 정보넷 키프리스에서 조회할 수 있다.

3 나만의 브랜드 만들기

브랜드는 제품의 생산자나 판매자가 제품이나 서비스를 경쟁자들과 차별화하기 위하여 사용하는 독특한 이름이나 상징물의 결합체를 말한다. 현대에서는 이러한 의미뿐만 아니라 제품의 성격과 특징을 보다 쉽게 전달하고 품질에 대한 신뢰를 끌어올려 판매에 영향을 끼치는 사회, 문화적 중요성이 있는 상징체계가 되었다고 볼 수 있다.

브랜드(brand)의 어원은 노르웨이의 고어 'brandr'에서 나온 것으로 추정하고 있다. 'brandr'는 태운다 (to burn)는 뜻이 있는데 고대 유럽의 가축 소유주가 자신의 가축에 낙인을 찍어 소유주를 명시했던 것에서 유래되었다고 여겨지고 있다. 우리나라에서도 삼국시대 때부터 기와나 도자기의 안쪽에 생산자의 이름을 표시해 왔다. 이처럼 동서양을 막론하고 인류는 자신의 소유 물건이나 자신이 만든 물건에 대해 무언가 표식을 해 왔으며 이러한 표식은 소유 관계를 분명하게 해주었다.

현대적 관점에서의 브랜드는 이미 제품 그 이상의 가치를 지니고 있다고 보고 있다. 단순히 이익 창출을 위한 도구나 수단에 그치는 것이 아니라 상품의 이미지를 형성하고 브랜드 그 자체만으로도 사회, 문화적 중요성이 있는 상징체계로 보는 것이다.

이처럼 브랜드는 이제 단순한 로고, 식별 도구에 그치지 않고 브랜드가 가진 제품, 기업의 모든 것을 담고 있고, 대변한다고 볼 수 있다.

그래서 우리는 나만의 브랜드를 만들어 보는 실습을 해 보면서 한 번 더 창업에 관한 생각을 정리하고 표현할 기회를 가질 수 있을 것이다. 또한, 요즘은 사람이 곧 브랜드인 시대라 할 수 있다. 차홍, 정샘물, 이경민 디자이너와 같은 유명 뷰티 디자이너들은 본인의 이름을 브랜드로 내 걸고 있다.

브랜드는 소비자들이 생각하는 이미지이다. 코카콜라는 활기차고 신나고 젊은 이미지이며 화장품 브랜드 헤라(HERA)는 서울, 세련된 여성, 전문직 여성의 이미지를 담고 있다. 이처럼 브랜드를 통해 소비자에게 이미지를 각인시킬 수 있어야 하며 비용과 시간이 많이 소요되는 작업이다. 명확한 브랜딩을 해 놓으면 일관된 제품과 디자인, 마케팅, 유통을 할 수 있게 된다. 또한, 한가지 주의해야 할 점은 브랜드 로고를 만드는 작업은 브랜드 작업이 아니라는 점이다. 브랜드 작업 중 하나가 브랜드 로고를 만드는 작업이지만 브랜드 로고를 만드는 작업이 곧 브랜드 작업이라고 착각해서는 안 된다.

이번 실습의 목표는 소비자와 커뮤니케이션이 되는 브랜드를 만드는 것이며 브랜드 스토리, 디자인, 제품의 삼박자를 고루 갖추는 것이다. 이렇게 만든 브랜드는 곧 창업의 가이드 북 역할을 하게 될 것이다.

나만의 브랜드 만들기	1. 스토리 만들기 2. 이미지 만들기 3. 타겟 설정하기 4. 슬로건 뽑아내기 5. 브랜드 비전 정하기 6. 브랜드 미션 설정하기 7. 브랜드 무드 8. 디자인 페르소나

1) 스토리 만들기

브랜드 만들기의 첫걸음은 바로 스토리 만들기이다. 남들과 차별화된 나만의 스토리를 찾는 것이 포인트이다. 이 스토리 속에 대표의 가치관을 녹여 낼 수 있다. 누구에게나 스토리는 다 있다. 무에서 유를 창조할 수는 없으므로 그 스토리가 결코 특별하지 않다고 하더라도 평범한 스토리에도 나름의 이유가 있고 가치가 있는 것이다. 이러한 점을 놓치지 않아야 한다. 극적인 효과를 위해서 거짓 스토리를 찾다 보면 결국에는 소재가 고갈되게 된다. 브랜드 스토리는 평범해도 좋으니 결코 거짓으로 꾸며서는 안 된다. 소비자들은 진정성을 느낄 수 있기 때문이다.

> **파파레서피의 브랜드 스토리**
>
> 파파레서피는 아빠의 사랑에서 시작되었습니다.
> 피부 질환을 앓는 딸을 위해 건강한 화장품을 연구하여 방부제를 넣지 않은 유기농 호호바 오일을 만들었습니다. 비슷한 고민한 엄마, 아빠들을 대상으로 판매를 시작했고, 입소문이 나면서 다양한 피부관리 제품으로 확장하게 됩니다.
> 소중한 사람에게 권할 수 있는 제품을 만들자는 생각으로 온 가족이 쓸 수 있는 화장품 '파파레서피'가 탄생했습니다.
>
> [출처: 파파레서피 공식 홈페이지]

2) 이미지 만들기

브랜드의 이미지를 설정하는 단계이다. 화장품과 뷰티 분야는 감성의 영역이다. 브랜드에 걸맞은 이미지를 설정하여 브랜드와 더불어 플러스 알파를 창출해 낼 수 있다. 오랫동안 1개의 이미지를 꾸준히 소비자에게 전달하게 되면 단기간의 성과는 아니지만, 브랜드 각인에 큰 효과를 보이게 된다. 미용 산업은 품질이 20% 정도라면 이미지가 80%를 차지하는 산업이라고 할 수 있을 정도로 이미지가 매우 큰 영향을 미친다. 우리가 흔히 듣는 '우리는 품질로 경쟁합니다'라는 말조차도 그러한 이미지를 만들기 위한 하나의 수단인 것이다. 가격 정책도 이미지 만들기 중 하나라고 볼 수 있는데 고가의 이미지를 저가의 이미지로 바꾸기는 쉽지만 반대로 저가의 이미지를 고가의 이미지로 바꾸는 것은 어려우므로 처음부터 신중히 해야 할 부분 중 하나이다. 우리나라의 뷰티 산업은 현재 상향 평준화되어 있다. 일정 수준 이상은 도달해 있다는 말이다. 그러므로 차별화된 이미지로 경쟁력을 갖출 수 있을 것이다.

고가브랜드	중간브랜드	저가 브랜드
· 아모레퍼시픽 · 설화수 · 헤라	· 마몽드 · 라네즈 · 프리메라	· 에뛰드 · 이니스프리 · 해피바스
모두 아모레퍼시픽에서 출시한 브랜드이지만 각기 다른 이미지를 가지고 있음		

◆ [표 5-16] 브랜드 이미지 ◆

3) 타겟 설정

타겟 설정은 내가 준비하고 시작하려는 사업의 수요 고객층을 설정하는 것을 말한다. 설정한 타겟은 사업 아이템, 브랜딩, 제품의 디자인, 마케팅 방법, 유통채널 등 대부분 영역에서 영향을 끼치는 매우 중요한 개념이다. 만약, 타겟을 구체적으로 설정하지 않고 전체를 표적으로 설정한다면 그 상품은 누구에게도 매력을 어필하지 못하는 애매한 상품이 되어버린다. 따라서 타겟 설정은 구체적일수록 좋다. 타겟 설정의 접근이 어렵다면 내가 속한 타겟군 에서부터 생각을 펼쳐 나가는 것도 좋은 방법이다. 타겟 설정은 수천 가지의 서로 다른 타겟 모델을 형성할 수 있다.

예를 들면, 남성과 여성 중 여성을 표적으로 하겠다고 설정을 한 후, 여성을 나이대로 쪼개어 보는 것이다. 영유아에서부터 70대까지 쪼개어 본 후 그중 30대 여성을 뽑아내고 30대 여성을 다시 세분화하여 전문직 여성, 임산부, 전업주부 등으로 또 세분화시켜 본다. 이러한 방식으로 세분화시켜가면 무수히 많은 타겟 모델이 생성되게 되는 것이다.

타겟을 세분화하여 구체화 시켰다면 이번에는 생각나는 대로 키워드를 써 보는 작업을 해 보자.

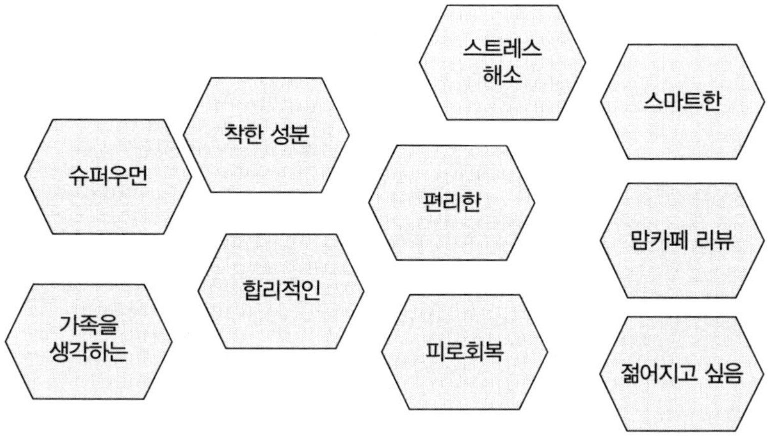

만약 30대의 워킹맘을 표적으로 구체화 시켰다면 30대 워킹맘을 생각했을 때 떠오르는 키워드를 그냥 끼적여 보는 것이다.

◆ [그림 5-3] 타겟 : 30대의 워킹맘 ◆

룰루레몬의 타겟 설정

콘도 회원권을 소유하고 여행과 운동을 좋아하는 32세의 전문직 여성

요가복의 샤넬이라 불리는 룰루레몬의 타겟을 보면 굉장히 구체적인 것을 알 수 있는데 우리가 앞서 수행했던 타겟 세분화와 키워드 작업을 거쳐서 타겟을 구체적으로 묘사할 수 있다.

4) 슬로건 만들기

강령은 대중이나 소비자의 행동을 유도 또는 조작하기 위해 사용하는 비교적 짧은 문구를 말하는데 기업이나 브랜드의 정체성, 추구하는 가치 등을 담고 있다. 강령은 지속성과 일관성이 있어야 하며 부득이하게 바꾸고자 할 때도 신중해야 한다.

유형	내용
서술형	제품이나 서비스 또는 브랜드의 약속을 서술
과시형	카테고리의 리더로서 시장 위치를 강조
명령형	명령을 내리거나 행동을 촉구함
도발형	생각을 유발하는 질문, 아이러니, 반어법 등을 사용
상술형	사업내용이나 브랜드의 제품을 정의하거나 표현

◆ [표 5-17] 슬로건의 유형 ◆

다양한 슬로건	• Just do it [나이키] • 당신은 소중하니까요! [로레알] • 자연의 시간표대로 [해찬들] • 공간에 대한 긴:생각 [지인] • No Brand, 브랜드가 아니다. 소비자다. [노브랜드] • Impossible is Nothing [아디다스]

5) 캐치프레이즈(Catch Phrase)

캐치프레이즈는 우리가 흔히 보는 광고에서 소비자의 주의를 끌기 위한 문구를 말한다. 브랜드 또는 제품이나 서비스를 고객에게 쉽게 전달하기 위한 광고 메시지로 브랜드 로고와는 구별된다. 광고에서 시각적으로 시선을 끌기 위한 Head Copy라고 볼 수 있다.

캐치프레이즈(Catch Phrase)의 예	• 먹지 마세요. 피부에 양보하세요. [스킨푸드] • 놓치지 않을 거예요. [SK-II] • 라끄베르와 상의하세요. [라끄베르] • 니들이 게 맛을 알아? [롯데리아]

6) 브랜드 비전 설정하기

브랜드 비전은 브랜드가 생각하는 이상적인 미래를 표현하고 설정한 것으로 브랜딩이 일관된 방향으로 나아갈 수 있도록 길잡이가 되어 준다. 너무 먼 미래나 당장 현실을 생각하기보다는 3년~5년 뒤의 미래에 대해 생각해 보는 것이 좋다. 브랜드의 비전에 맞게 잘 나아가고 있는지 주기적으로 점검은 필수이다.

다양한 브랜드의 비전 살펴보기	• 신나는 세상 만들기 [코카콜라] • 100만 명이 화성에 가서 살날을 꿈꾼다 [스페이스 엑스] • 많은 사람을 위한 더 좋은 생활을 만든다 [이케아]

7) 브랜드 미션 설정하기

브랜드의 미션이란 브랜드가 하는 일을 말한다. 브랜드의 비전과 미션이 비슷해 보이지만 쉽게 말해 미션은 비전을 위해서 해야 하는 구체적인 일을 말한다. 필요한 행동 양식을 제공하고 비전을 위해 구체적으로 어떤 일을 해야 하는지에 대해 방향성을 제시해 주는 것이다. 앞서 살펴본 이케아의 브랜드 비전은 [많은 사람을 위한 더 좋은 생활을 만든다]로 이러한 비전을 실천하기 위해서 이케아는 [매우 낮은 가격에 세련되고 실용적인 가구를 판매]하는 미션을 설정하고 수행하고 있다. 미션을 설정해 놓고 주기적으로 점검하면서 수행하면 자연스럽게 브랜드 비전에 맞추어 잘 나아가게 되는 것이다.

브랜드 미션을 만들기 위한 점검 사항	• 브랜드 비전을 위해서 반복적으로 이뤄내야 할 일은 무엇인가? • 나는 무엇을 제공하며, 남들과 차별화되는 포인트는 무엇인가? • 이 브랜드가 세상에 존재해야 하는 이유는 무엇인가? • 실천하기 쉽도록 미션은 간단한가

8) 브랜드 무드

여자들의 로망인 티파니앤코는 민트색 상자가 떠오르고 코카콜라는 빨간색 로고, 펩시는 태극 무늬, 에뛰드는 공주 같은 분홍색이 떠오른다. 이처럼 그 브랜드의 분위기를 표현하고 민트색만 봐도 티파니앤코가 떠오를 수 있도록 하는 것이 바로 브랜드 무드 설정이다. 이 단계는 앞서 설정하였던 브랜드 비전, 미션, 타겟 등에 대한 정보를 취합하고 원하는 콘셉트를 전달하여 디자인 업체에 의뢰할 수 있다.

9) 디자인 페르소나

페르소나는 '가면', '외적 인격'을 뜻하는 말이다. 일종의 가면으로 집단 사회의 행동 규범이나 임무를 수행하는 것을 말하며 다른 사람에 투사된 자신의 자아를 나타내는 말이다. 내가 지닌 또 다른 자아를 바로 '가면'으로 보는 것이다. 우리는 모두 역할에 맞는 가면을 쓰는 것이라고 할 수 있다. 예를 들면, 나는 집에서는 부모님의 '자녀'라는 가면을 쓰고 학교에서는 '학생'이라는 가면을 쓰며 친구들을 만날 때는 '친구'라는 가면을 쓰는 것이다. '나'는 하나지만 내가 맡은 역할은 여러 개가 되는 것이다.

봉준호 영화감독의 페르소나는 배우 송강호라고 할 수 있을 것이다. 배우 송강호와 봉준호 감독은 살인의 추억, 괴물, 남극일기, 설국열차, 기생충이라는 작품에서 호흡을 맞추었으며 봉준호 감독은 배우 송강호를 통해 자신이 지닌 철학과 사상, 상징, 개성 등을 주입시켜 스크린에 표현하고 있다. LG생활건강의 화장품 브랜드인 '후'는 배우 이영애를 통해 황후의 이미지를 표현하고 있다.

4 참고사이트

4.1. 뷰티코스메틱 창업에 유용한 사이트

[K-Startup 창업지원포털] www.k-startup.go.kr

[소상공인시장진흥공단] www.sbiz.or.kr

[기업마당] www.bizinfo.go.kr

[식품의약품안전처] www.mfds.go.kr

[대한화장품협회] www.kcia.or.kr

[한국사회적기업진흥원] www.socialenterprise.or.kr

[사람과 세상] www.pns.or.kr

[특허청] www.kipo.go.kr

[특허정보검색서비스] www.kipris.go.kr

[국세청] www.nts.go.kr

4.2. 뷰티 동향 파악에 유용한 사이트

[장업신문] www.jangup.com

[뷰티경제] www.thebk.co.kr

[뷰티누리] www.beautynury.com

[미용신문] www.beautynews.kr

참고문헌

김광숙, 김지연. 성공하는 인터넷 화장품 쇼핑몰 창업하기, 크라운출판사, 2010.

최영희, 안현경, 권미윤, 현경화, 구태규, 이서윤. 미용경영학&CRM, 광문각, 2013.

이범식. 뷰티 프랜차이즈 경영전략론, 구민사, 2014.

뷰티산업연구회, 정미영. 뷰티산업의 미용경영학, 청람, 2014.

오지영, 권기형. 뷰티 발상과 특허 창업, 구민사, 2015.

한국창업연구회, 정현배. 토탈창업학, 문영사, 2016.

Nat Chiaffarano. 쉽게 배우는 화장품 회사 경영, ㈜장업신문, 2017.

Kathleen Allen, 성창수, 박주연, 이광임. 세상을 바꾸는 기술창업전략, 청함, 2017.

비피뷰티바이오사업부, 화장품 사업 개론 : 신규 및 벤처 사업으로 화장품 사업을 권하는 이유, ㈜ 비피기술거래, 2018.

김주은. 뷰티풀 타임, 이인시각, 2019.

최은섭, 안준희. 화장품 광고와 아름다움의 문화사, 커뮤니케이션북스, 2019.

이은진, 이상욱, 권오혁, 지정훈, 김윤정, 안경민. New 미용경영관리, 가담플러스(GadamPlus), 2020.

김희철. 실전 창업경영론, 도서출판 두남, 2021.

함용석, 권오영, 황규진, 이성구, 이윤숙, 강동창. 기업경영의 이해, 2022.

식품의약품안전처 홈페이지 www.mfds.go.kr

특허청 홈페이지 www.kipo.go.kr

특허정보검색서비스 홈페이지 www.kipris.or.kr

국세청 홈페이지 www.nts.go.kr

생활법령정보 홈페이지 www.easylaw.go.kr

사람과 세상 홈페이지 www.pns.or.kr

지자체 홈페이지

예스폼 서식사전 www.yesform.com

그로우업 사이트 grow-up.kr